U0156813

明清江西会馆建筑研究

Research on Jiangxi Guild Hall Architecture in Ming and Qing Dynasty

华东交通大学教材（专著）出版基金资助项目

聚落文化与空间遗产研究文丛

李晓峰 主编

罗兴姬 著

中国建筑工业出版社

图书在版编目（CIP）数据

明清江西会馆建筑研究 = Research on Jiangxi
Guild Hall Architecture in Ming and Qing Dynasty /
罗兴姬著 . — 北京：中国建筑工业出版社，2021.5
（聚落文化与空间遗产研究文丛 / 李晓峰主编）
ISBN 978-7-112-25768-3

Ⅰ.①明… Ⅱ.①罗… Ⅲ.①会馆公所—古建筑—建
筑艺术—江西—明清时代 Ⅳ.① TU-092.4

中国版本图书馆 CIP 数据核字（2020）第 256217 号

责任编辑：陈海娇
责任校对：张 颖

聚落文化与空间遗产研究文丛
李晓峰 主编
明清江西会馆建筑研究
Research on Jiangxi Guild Hall Architecture in Ming and Qing Dynasty
罗兴姬 著

*

中国建筑工业出版社出版、发行（北京海淀三里河路9号）
各地新华书店、建筑书店经销
北京点击世代文化传媒有限公司制版
北京建筑工业印刷厂印刷

*

开本：787毫米×1092毫米 1/16 印张：14½ 字数：301千字
2021 年 4 月第一版 2021 年 4 月第一次印刷
定价：**68.00** 元
ISBN 978-7-112-25768-3
（37003）

编写委员会

主任委员：李晓峰

委　　员：高介华　李保峰　王风竹　何　依　吴　晓
　　　　　　王炎松　陈　飞　田　燕　谭刚毅　赵　逵
　　　　　　刘　恺　张　乾　徐俊辉　方　盈　周彝馨
　　　　　　陈　刚　罗兴姬　邬胜兰　陈　茹　谢　超
　　　　　　陈　楠

总　序

　　聚落研究在中国建筑界越来越受到广泛关注，这是令人欣喜的。回想多年以前，当华中科技大学建筑与城市规划学院开设博士课程"聚落研究"的时候，还有朋友不甚理解，甚至质疑是否有必要开设这样一门课程。事实上，中国建筑学界关注聚落研究也是近30余年才开展起来的。随着学术界对聚落系统的认知加深，越来越多的从事建筑、规划及景观研究者从聚落研究的丰硕成果中获得重要启示。今天大概没人再怀疑聚落研究的意义了。

　　聚落是人居环境系统的一部分。广义理解，小到几户人家的村湾、庄寨，大到城镇、都市，均属聚落的不同形态。而我们惯常理解的聚落则是指县邑以下规模的住居的集聚，包括村庄、乡集与小城镇等。聚落因地理条件、人文背景及社会经济环境的不同而呈现出千差万别的形式特征，可以从不同的维度认知聚落。从地理环境的维度，可以认知与不同地理环境相适应的多种聚落类型，如山地聚落、平原聚落、高原窑居、滨水聚落等；从社会环境的维度，可以认知血缘型聚落、业缘型聚落、地缘型聚落、宗教型聚落以及军防型聚落等；从空间的维度，可以探讨聚落的空间分布，聚落空间结构以及聚落内部的多样化空间场所与要素的特性；从时间的维度，还可以探讨聚落的历史变迁及其动因，可以关注传统聚落自古迄今的衍化过程，以及各历史时期呈现的不同的聚居文化品质。传统聚落具有数十年、数百年，甚至更长的历史，至今仍然是当地居民生活的家园，因此聚落实体与空间也成为人文及历史信息的沉淀集聚与物质载体。因而还可以从文化遗产的视角研究聚落。

　　我们这个研究团队关注聚落与乡土建筑研究也历经20余年。就本人来说，早在20世纪80年代留校任教初期，就对中国传统村落怀有极大兴趣。之后，从攻读硕士、博士学位的选题到所从事的教学研究方向，乡土建筑与聚落文化一直成为我研究工作的主轴。2001年，我作为带队教师前往桂北三江、龙胜地区，开始对当地民居建筑进行专业测绘，由此对乡村聚落研究的认识得以加强。此后的每个暑期，我都会与学生们一起在乡间待上一二十天，亲手触摸、测量记录那些弥足珍贵的传统聚落与乡土建筑。大江南北多个地区县市村镇都留下了我们的汗水和足迹。这些基础测绘调查工作为此后系统进行聚落研究提供了丰富的样本。

2003—2012年这10年间,这项工作已初见成果。随着调研资料的积累,我们发现关于乡土建筑和聚落的研究方法越来越重要,但国内建筑界尚无关于聚落研究理论与方法的系统性成果发表。这让我下决心在这方面做一些工作。欣慰的是,终于在2005年,我的《乡土建筑:跨学科研究理论与方法》一书作为全国高校建筑学与城市规划专业教材出版了。这大约是国内第一本引介乡土建筑及传统聚落研究理论的著述。与此同时,我们的研究团队陆续获得湖北省建设厅、湖北省文物局等政府机构和文化单位的支持,先后完成了湖北民居营建技艺抢救性研究(2005—2007年)和峡江地区地面建筑(聚落与民居)现状、历史与保护研究(2008—2010年)等重要课题,还完成相关传统村落保护与规划项目20余项,出版了《湖北建筑集粹——湖北传统民居》(2006年)、《两湖民居》(2009年)和《峡江民居》(2012年)等著作。

在历史演变进程中,聚落形态变迁与聚落文化变迁及社会发展有着密不可分的关联。对聚落变迁现象及其动因以及作为历史信息载体的空间遗产的考察,一直是研究团队各项学术工作展开的主要路径。在研究团队的不懈努力下,我们先后获得了国家自然科学基金三项面上基金项目("汉江流域文化线路上的聚落形态变迁及其社会动力机制研究",批准号51078158;"明清江西—湖广—四川多元文化线路上的传统戏场及其衍化、传承与保护研究",批准号51378230;"多元文化传播视野下的皖—赣—湘—鄂地区民间书院衍化、传承与保护研究",批准号51678257)和一项高等学校博士学科点专项科研基金("中部地区兼具地域性与时代性的村居环境营建模式及相关技术策略研究",批准号20120142110009)的支持。这意味着探讨传统聚落实体与空间同历史与人文要素相关联的系列研究,在价值和意义两方面得到了同行专家认可与肯定。从各项基金项目的特点来看,尽管研究的主题和目标各有侧重,但共同点也是很明显的:其一,系列课题多强调"文化线路"上的聚落文化关联研究,这是我们一直把持的一个重要线索和思路;其二,无论关注聚落、还是其中的戏场、书院等特殊的公共建筑类型,均可以多维空间遗产的视域进行探索;其三,聚落变迁与民间建筑文化传承与保护始终是我们关注和研究的重点。

在这一系列基金项目的支持下,我们研究的核心力量——多位博士、硕士组合团队,从研究方向、培养计划到项目实施与写作,都紧密围绕聚落文化与空间遗产的主题展开。自2012年至今,已有十位成员先后完成了他们的博士学位论文,从不同视角和维度拓展了这项研究的深度与广度。

张乾博士在长期田野调查与实地观测的基础上所进行的鄂东南传统聚落空间特征与气候适应性关联研究,是研究团队首篇较为系统的学术成果。以定性与定量相结合的研究使得聚落空间适应性探索有了新的突破，也是对聚落研究理论与方法体系的发展与完善。这种动态关联的研究思路，在研究团队之后的系列成果中都得到了较好的延续。

徐俊辉博士以明清时期汉水中游府、州、县治所城市聚落为研究对象，从城市空间形态的大中小三个尺度，对城镇体系的发展及其群组空间形态、治所城市空间形态分类及其要素特征和影响因素、两个典型复式治"城"的空间形态以及三个典型功能性街区的空间形态进行研究，展现了汉水中游流域承载城市发展，并使城市之间发生紧密关联的独特河道地理与社会文化特征。**周彝馨**博士以西江流域高要地区移民村镇为研究对象，以"同构现象"为切入点，揭示并解读了西江流域聚落与自然和社会文化环境之间的"同构"关系及其深层原因，其提出的针对聚落空间形态的适应性研究，拓展了多从节能技术方向探讨建筑适应性的传统研究思路，从时空维度解读了聚落的防灾形态与"最优生存方式"，通过对自然灾害与人为灾害两方面的应对策略为当代聚落的形态更新提供理论依据，从新视角对乡土聚落进行了适应性发展策略研究。**方盈**博士以汉水下游江汉平原内河湖交错的地理自然环境特征为思考起点，综合本地区自明代始在社会经济历史发展中出现的"垸"这一关键要素，总结了以河湖环境中的堤垸格局为基本地理格局的聚落形态特征，从人地关系的角度考察了环境对聚落形态生成所产生的一系列影响，并揭示了水患影响下乡村聚落住居形态中建造传统和文化的缺失状态。**陈刚**博士以社会形态变迁的视角探讨了近代以来汉口的市镇空间与住居形态的转变，对近代以来汉口城市社会形态背景下的住居展开了系列研究，通过对住居"历史场景"的还原，推论住居类型的产生原因，力证有关多维度社会历时形态下不同住居模式的社会适应性的观点，揭示社会发展与住居形态变迁的互动关联。

以上四位同为针对聚落空间与社会文化关联特征进行的整体性探讨，对当代地域特征显著地区的城乡自然与人文环境互动发展具有重要的现实指导意义。

围绕空间形态与社会文化关联性研究思路，亦有数位成员以个别建筑类型为题展开了系统研究。**邬胜兰**博士探讨了明清"湖广—四川"移民线路上的祠庙戏场从酬神到娱人的过程中祭祀与演剧空间形态的衍化，将研究对象从"戏台"转变为"戏场"，对与之关联的民俗活动和地方戏剧等传统文化进行关联研究，注重物质和非物质文化遗产的双向关联，为建筑和文化的双重保护提供思路。**陈楠**博士以湘赣地区传统戏场为研究对象，讨论空间形态与其中产生的社会关系、活动内容和行为模式的对应关系；从戏曲表演的角度研究戏台形态特征与地方剧种表演形式的对应性关系，并结合戏曲人类学的观点，对戏场中的"神—人"的"看"与"被看"关系作了深层次的探讨。这两项研究格外关注建筑空间的使用者"人"，不仅诠释了传统休闲文娱建筑研究的多维内涵，也有利于完善聚落文化与空间遗产的保护体系，提高保护层次。两位博士从多元文化线路的理念出发进行的传统戏场研究，突破了单一的研究区域，传统戏场这一传统公共空间遗产与戏曲这一传统文化艺术形式之间的关联性探讨，也使针对不同地域同一建筑空间类型形态特征的比对内容变得立体而丰富。此外，**罗兴姬**博士以传播学的视角，针对会馆建筑的普遍性建筑特征和江西会馆的地域性特点双向角度切入，对明清江西会馆的建筑原型、类型和建筑形制进行了全面考察，以新的研究视角拓展了对江西地域文化的认识。

除了在传统的建筑学领域展开研究之外，还有两位成员从跨学科背景出发探讨聚落，为全面而动态理解聚落文化和空间遗产提供了新思路。**谢超**博士从社区营造的视角出发，以当代中国的乡建为题，归纳出不同时期乡村建设的重点以及期间所出现的各类乡建模式的特征，以长江中下游聚落营建的重点案例调查为据，在提炼共时性乡建模式类型的基本特征与关键要素的基础上，进行了模式的量化评价和比较分析，尝试建构适宜营建的模式和策略，突破了以往乡村聚落营建的建筑学研究中注重"建"而忽视"营"的局限。**陈茹**博士以长江中游传统聚落及其中的乡村公共建筑为研究对象，通过运用"语境—文本"的研究理念和方法建立聚落研究对象之间的逻辑关系，尝试揭示聚落中存在的由浅及深、内外关联、互动互生的基本运行规律，并提出应从一个更为宏观、综合的系统视角解读传统聚落的本质特征。

《聚落文化与空间遗产研究文丛》首批著述出版，既是对既往研究的一次检视，也是未来研究的一个新的起点。目前，我们聚落研究工作仍在继续，并且有所拓展。可以预期，不久的将来，还将有关于传统书院建筑的系列研究成果以及由此拓展的中国教育建筑史、近代校园空间遗产的研究成果呈现。这一系列有关聚落公共建筑和空间问题的探索是聚落文化研究的重要切片，也是空间遗产研究的重要组成部分。

从事聚落研究的这20多年间，我个人的研究兴趣已悄然成长为整个研究团队的专研方向，作为指导教师，着实感到欣慰！这十本著作呈现了围绕聚落空间和文化展开的、具有多元面向的历史现实，其中不乏对人类聚居环境变迁与发展问题的深入思考。这些探索不仅揭示了传统聚落之于当代空间营建的启示，汇聚了有关建成环境的民间智慧，而且以一个个生动的案例，解析了客观环境与聚落主体乃至更宏大的社会文化环境间的错综复杂的关系维度。

特别需要提出的是，"聚落文化与空间遗产研究文丛"系列成果能够完成，得益于华中科技大学文化遗产研究中心多位教授及相关老师多年来对我们研究团队的支持与帮助。一方面，前述相关研究的先期出版物，多是本人与相关老师们合作研究的成果，为这一系列博士文丛的研究和撰写奠定了良好的基础；另一方面，研究团队的每一位博士在读期间，无论是选题、调研，还是论文修改，直至答辩，都得到诸位老师的提点指教。作为指导教师和文丛的主编，在此谨表衷心谢忱！同时也对湖北省文物局、湖北省古建保护中心的领导与专家一直以来给予的大力支持表达我们的真诚谢意！希望这套文丛的出版，能够展现内涵丰富的聚落研究体系的冰山一角，成为系统探讨聚落文化与空间遗产诸多课题的良好开端。期待日后有更多研究者借此有所裨益，在聚落研究这一经久不衰的课题方向上取得更丰硕、更卓越的成果。

李晓峰

2018 年春于喻园

序

或久无害，稍筑室宅，遂成聚落。

——《汉书·沟洫志》

据汉语字义：聚，会聚也；落，人所聚居之处，落，居也。如此，"聚落"是一个复合词，谓聚居也。《辞源》云：聚落，犹云村落。

早期（约当旧石器时代）的人类居止无外乎穴居、巢寝，由于种植业——农业的产生，方出洞、下地，筑室而居。由于人们的群体意识，乐于群居——聚居，聚居者的增多，便形成了聚落。聚落的规模自有大小不一。

聚落，既属人类的一种居止形态。由于地域的不同，种族、民俗、民情的差异，聚落既有其内涵的基因，又有其特色，并从而形成了聚落文化。

随着人类生活、生产方式的发展、演变，剩余产品及有无相通的交换，贫富、阶级的出现，治道的必然，部落的争斗，以至于国家的建立，城与市的结合形成了城市，但聚落依然存在。

聚落，既属于人类一种古老而又传统的居住形态，它的内涵和文化随着人类文明的进程也不断演化。

对于聚落的研究，在学术阈既属于建筑史、城市史、文化史，又属于人类学、社会学范畴。人居环境的优化是人类的永恒追求，研究聚落的重要意义不言而喻。

当前，中国的"新农村建设"和"新型城镇化"之进展正处于一片热潮中，面对两"新"，中国的传统村镇——聚落竟被日以数十计的速度予以铲除，也就是说，中国建筑文化——实即中华文化最广泛而又重要的载体面临湮没。

华中科技大学建筑城规学院李晓峰教授有见及此，率领其博士科研团队，围绕其主持的三项国家自然科学基金和一项博士点基金项目，确立了"聚落文化与空间遗产研究"这一主题，经过了十二年的艰辛努力（含广泛的田野实测、调研），始毕其功，凝铸成了这一"文丛"。

该"文丛"研究广涉不同的领域，不同的历史时段，贯通城乡，分列十二专题，系列完备，在中国聚落研究阈中，是一项创新型的系统工程，开辟了新的研究天地，不但具有高度的学术价值，且具现实意义。凡建筑学、城市学人，岂可错过。有关官员，亦宜通读为快，以推动我国传统聚落遗产保护工作的开展，不亦幸乎。以为序。

2018 年 4 月 21 日

前　言

　　2005年笔者开始从事建筑历史文化的研究工作，在工作中逐渐对江西地域建筑文化产生兴趣，希望能够找到代表江西地域建筑文化鲜明特点的建筑类型。借鉴文化传播学视角，一个地区建筑文化影响力的两大指标为该地区代表性建筑类型在外传播的时空深广度和建造数量。根据这两大指标可知，历史上江西在全国影响力较大的建筑类型为唐宋书院和明清会馆。对唐宋江西书院，学界已有较为深入和系统的研究，而明清江西会馆由于实体和史料的匮乏，该类型建筑存活历史时段较短，研究相对较少，为进一步丰富江西地域建筑文化内容，完善明清历史时段建筑类型研究，本书的研究主题锁定在明清江西会馆。

　　明清时期区域性人口大规模流动，会馆建筑应时应需而生，作为一种独立建筑类型出现。"人口流动"是会馆建筑出现的内在动因。而会馆建筑是明清乡土社会背景下注重血缘乡缘的中国人在他乡处理生活和商业事务的公共场所或建筑，是流动人口原乡原土的地域文化向他乡传播的建筑载体。流动人口根据最终定居方式可分为两类：第一类是定居原乡，原乡和他乡之间多次往返流动工作性人口，根据他乡停留时间长短，可有流动或固定居所；第二类是定居他乡，从原乡到他乡后定居不再返回原乡居住的移民。不同性质的流动人口对应所建的会馆建筑类型不同。

　　"籍贯"为明清官府进行人口管理的核心词汇，官府通过"籍贯"将具体的个人和行政属地绑定。明清时期人口籍贯管理严格，变更较难。大量流动人口的籍贯在不随其流动而进行变更的情况下出现"籍贯和事实生活地区"分离的特征，或移民定居后籍贯改入他乡也需要较长时间，这决定了流动人口的"原乡"和"他乡"的双重文化特征，进而也导致流动人口所建造的明清会馆具备了双重地区建筑文化属性。从字面意义上看，"江西会馆"包括两方面内容：一方面是指江西籍贯人士在他乡建造的会馆；另一方面指江西地区他乡籍贯人士所建会馆，解决他乡籍贯人士在江西地区的各项民间事务的场所，如明清徽商在赣建造的安徽会馆，故也可称为"江西地区他乡籍贯会馆"。本书中的"明清江西会馆"特指江西籍贯人士在他乡所建造的会馆。

　　本书研究的基本方法为历史学和建筑类型学相结合的方法，研究涉及江西会馆的建筑历史背景、建筑形制、空间和形态特征等多个方面。本书核心概念为"原乡原型"和"他乡类型",以及"原乡原型"到"他乡类型"的传播和演变。本书从"原乡原型"入手,凝练江西地区原乡类型(江西民居、祠庙、戏台)中的原乡建筑语言符号、地域建筑做法,这些原乡类型符号、做法作为地区建筑文化基因,在他乡江西各类型会馆建筑中传播体现。本书中的"他乡类型"从各种类型的产生与明清时期中国社会重大变迁的历史事件紧密关联之处着手,探讨江西会馆建筑类型的细化确定。"原乡原型"到"他乡类型"之间的演变是本文探讨的内容之一,如江西地方社会事件风气对他乡江西会馆存在何种巨大影响?又如地区原型建筑语言、技术从原乡传播到他乡,如何与他乡建筑类型发生融合同化,或进一步抽象、夸张、独特化?

针对上述核心概念,本书从明清江西会馆的历史发展与空间分布、会馆原型与原乡建筑类型、各会馆建筑类型的形制演化及其与具体历史社会事件之间存在的关联等方面展开论述。

目 录

第1章

绪 论

1.1 既往研究综述

江西会馆既往研究涉及两大领域，即"明清会馆研究"和"明清江西地域建筑文化研究"，以下将分别进行论述和分析。

1.1.1 明清会馆各学科相关工作和研究

明清会馆的研究大体始于 20 世纪 20 年代，较多地集中于历史学、经济学和社会学领域，为明清史中的一个重要专题，其切入角度主要集中在无形文化内涵上把"会馆"作为一种民间"组织机构"，和建筑学的物质性的"实体"建筑关注于形制、样式、空间有较大不同。

既有会馆研究工作有以下几个研究阶段：基础性档案资料的普查收集整理——人文学科对于"无形内涵"的专业研究——建筑学科对于"有形实体"的专业研究。

1.1.1.1 全国会馆基础性档案资料的普查收集整理

会馆学的研究源起在于民国政府成立后，从社会管理的角度考量，对于各地会馆馆产进行普查和登记。新中国成立之初，各地政府对于会馆的普查和财产登记再次展开。两个阶段的普查工作积累了会馆大量的官方档案资料。20 世纪 80 年代之后，此部分档案资料对公众开放，集结印刷，成为研究会馆的最基础性的数据资料。

国内代表性的书籍文献有《中国会馆志资料集成》《北京会馆资料集成》《北京会馆档案史料》《北京会馆基础信息研究》《明清以来北京工商会馆碑刻选编》《江苏省明清以来碑刻选集》《上海会馆档案史研究论丛》《湖南会馆史料九种》《北京工商基尔特资料集》等。王光英的《中国会馆志》是一部明清会馆百科全书似的大型书籍，对于明清会馆的通识性了解具有重要的作用，附录中的"各省现存会馆一览表"，记录了 2002 年以前的会馆遗存情况。晚清时期日本东亚同文会所编撰的《中国省别全志》，详细记载了 1907—1918 年期间中国各省的地理、经济、人文资料，对当时会馆位置皆有详细记载，是国外会馆研究重要的基础档案性资料。

从目前已有的会馆资料集成可以看出会馆遗存数量较多的地区为北京、京杭大运河沿岸以及西南五省地区，和明清时期的政治、经济和移民等重大社会活动发生地区一致。在建筑方面，官方的档案资料的书籍，主要收集了当时进行普查的官方公告和管理性文件、会馆的财产登记表、工作记录汇报等资料。在大量基础性资料之中，在馆产登记部分有一些对于建筑内容的记录，如房屋的地址、房屋的间数、规模大小，记载详细的直接附有房屋的平面简图，为江西会馆建筑研究的基础性资料。

1.1.1.2　人文学科对会馆文化内涵的各方面研究

人文学科分别从经济史、社会史、人口迁移史、宗教文化、戏场史角度对明清会馆进行解读。代表性书籍文献有何炳棣的《中国会馆史论》、全汉昇的《中国行会制度史》、吕作燮的《试论明清时期会馆的性质和作用》、王日根的《中国会馆史》、杜玉玲的《明清北京新建会馆与地方权力转移》、孙莉莉的《论明清以来北京江西会馆的发展与管理》、王仁兴的《中国旅馆史话》、方志远的《明清湘鄂赣地区的人口流动与商品经济》、蓝勇的《西南历史文化地理》、廖奔的《中国古代剧场史》、车文明论文系列、李静的《明清堂会演剧史》、王光英的《中国会馆志》、韩大成的《明代城市研究》、冯尔康的《中国宗族史》、邓洪波的《中国书院史》等。

1. 中国通史类

会馆内涵涉及明清时期政治、经济、社会文化等多个方面。会馆通史类方面经典专著为何炳棣的《中国会馆史论》以及王日根的《中国会馆史》两本大作。

开创性著作——《中国会馆史论》。本书对于会馆进行了开创性的史学研究，在 20 世纪五六十年代，由海外华裔学者何炳棣先生撰写，此书是会馆史研究的重要论著。何先生在此书的开创性工作有以下几点：①提出明清会馆的出现，其制度和文化的原因来自中国传统的"籍贯"观念，会馆的核心特点为"私立性"和"同乡性"。20 世纪 80 年代初国内学者吕作燮先生在后来的明清会馆研究的系列论文中一再强调会馆的"地域性"特点，应是受此影响。②将全国的会馆分成北京地区会馆和非北京地区会馆，明确指出会馆的起源地为北京。同时，梳理出清康熙至民国年间的地方志中所记载的各省会馆，成为后期会馆资料集成的重要初始数据来源。③提出会馆的衰落源于地缘观念的消融，提出了"双重乡里性""三重籍"等概念。何炳棣此书对于本书研究具有重要的启发意义，为研究江西会馆的建筑类型中的"地域性"文化特征提供了重要的理论启发。

当代通史类经典——《中国会馆史》。王日根的《中国会馆史》是目前研究明清会馆的重要理论著作。在何炳棣先生等前人研究的基础上，对会馆研究进行了整合。何炳棣将会馆分类成试馆、工商会馆、移民会馆，在此书中被确立，成为后续会馆研究的重要分类标准，书中进一步总结确立的会馆的四项社会功能"祀神、合乐、义举、公约"也成为国内学界研究会馆的常规思路。书中第 4 章第一小节论述了会馆的建筑设置和区位布置，已经意识到会馆的实体建筑属性，给会馆建筑的后续研究留下了巨大空白，启发了本文的研究，此书也是本文研究的重要参考书目。

故此，通史类著作，对于本文研究会馆建筑的各个方面，起到了全局性把握视野的参考作用。

2. 经济类专史

会馆作为明清时期商业建筑类型的代表，因为和明清商业经济相形相生，经济类专史成为会馆研究中的显学。

经济类专史中的《明清商业经济通史》《盐业史》、各地区的经济史中皆将"行会"的发展和会馆结合起来，是当地商品经济发展的重要晴雨表。

其重要著作有20世纪初全汉昇的《中国行会制度史》，从经济通史的角度论述了行会发展和明清时期行会和会馆出现的关联。

国内，20世纪80年代初吕作燮调查了江苏地区的会馆之后，撰写了系列会馆论文，在《试论明清时期会馆的性质和作用》一文中，吕在何炳棣先生的会馆"地域概念"的基础上发展，指出在经济领域中国"会馆"的概念并不同于欧洲的行会，前者是外来性的，而行会则属于本土性的，即"明清时期绝大多数会馆，是一种松散的同乡人联合会，与工商业无涉"。此文对本文研究有直接关联的是此两条信息："在汉口，有些会馆是从公所改名的""四川各地的会馆，特别是各地移民建的会馆，由于财力有限，往往只有祀神的殿堂"。同样，在何炳棣的论述中也曾提及"在吉安许多地区，书院亦称会馆"。这些信息明确指出会馆和公所、庙堂、书院等建筑类型有密切关系，这使得本文在研究明清江西会馆的建筑空间形态演化时必然要考虑会馆和祭祀殿堂、书院等建筑类型之间的关联。

随后经济学界大量的论文都在论述"会馆"和"公所"之间的异同，比较公论的看法是在时间上，会馆产生于明中晚期，兴盛于康乾嘉年间，衰败于第一次鸦片战争后；而公所的兴盛时间正是从第一次鸦片战争后，会馆和公所盛衰转换有一个大致的承前启后关系；在对内部成员的约束力上，会馆弱公所强。但在实际运用中，会馆和公所的名字往往并不严格区别，彼此混用。本人在对近代上海地区会馆、公所建立时间的梳理过程中，亦发现此现象。对于会馆名称的明确，为本书研究的第一步内容。

韩大成的《明代城市研究》主要论述明代城市的发展情况，对会馆的提及放入社会矛盾冲突一章。但因会馆一般存在于商业发达的市镇，其对于明代各层级繁荣城市的梳理、原因、方式的探讨，对于了解明清城市和会馆之间的关系有重要作用，如书中对于"市"和"会"的论述，就可推及会馆的选址特点。

针对江西地方商业经济发展，将商帮活动和会馆建设联系起来的重要书籍为方志远的《明清湘鄂赣地区的人口流动与商品经济》，此书第7章论述了江右商帮和江西会馆之间的关系，但仍是经济学的视角，此书也是商业人口流动和经济发展相关联的重要书籍。

故此，经济类专史的研究对于工商类型会馆建筑的渊源流变、建筑类型和形制的发展研究有重要的指导意义。

3. 社会类专史

1）社会管理方面

从政府对会馆的控制、会馆参与社会活动的角度分析会馆的社会功能，是目前大部分此类文献的常规研究手法。杜玉玲和孙莉莉的两篇论文，以明清江西会馆为研究对象，究其原因在于明清时期，江西会馆在北京的数量最多，属于会馆中的科举试馆。杜玉玲的论文论述了新建县科举八大家族和北京会馆投资建设的关系，孙莉莉的论文从明会典以及会馆内部管理章程等角度论述了北京江西会馆内部管理的各个方面。此两篇论文是目前仅有的研究北京江西会馆的专论性文献，它们给本文提供的研究启示是如何将位于外省的江西地方会馆演变和江西地方社会事务变迁关联起来。

2）人口流动方面

人口流动方面的论述有葛剑雄、曹树基所编著的《中国移民史》，对于明清时期的移民有整体的把握。人口流动牵涉明清时期的交通方式、人口流动的线路两个方面。

《中国交通史》和《明代驿站考》《中国水系图典》三本书，分别介绍了明清时期的整体交通和主要的水系交通。

而对于人口流动方向，和江西会馆关系较为密切的为西南移民。明朝开始的大规模向西南地区的农业人口移民，人口流动牵引出对西南地区会馆的研究，最先是蓝勇在《西南历史文化地理》一书中附上清代西南移民会馆，而后出现了大量的西南会馆研究文献，如《会泽会馆文化》《四川会馆》等，此类文献既有资料性的编撰，也有一定的学术论述。

4. 文化类方面

1）科举

会馆和科举文化相关。《中国书院史》《北京科举地理》等书中皆有零星杂论明清会馆和科举文化的关联。将会馆的住宿功能强调出来的论著是 20 世纪 80 年代初王仁兴的《中国旅馆史话》一书。书中提出明代会馆的产生是因为科举考试时住宿费用过高，各省官员为资助本省举子，而自发捐资建造各省会馆，而后士绅会馆的形式逐渐被商人所仿效，商人亦成为会馆的主要投资人。

因科举而建立的会馆，主要集中在北京地区，故此和北京会馆的城市空间相关的书籍皆有重要参考作用。

2）宗教祭祀

会馆和祠祭的关系。冯尔康的《中国宗族史》论述了中国宗族制度的发展，因会馆建筑和祠堂建筑在建筑形式上有同构性，其第 4 章明清祠堂族长制度和第 5 章近代移民社会和大陆社会宗族，可以给明清会馆建筑研究提供有益的比较视角。邓洪波的《中国书院史》亦如是。

会馆和庙祭的关系。会馆中的庙祭和关公崇拜、文昌帝崇拜、地方神祇崇拜皆有关联，在相关书籍中皆有所涉及。

3）戏曲演出

会馆中的演出。戏剧文化学界在研究戏剧史的过程之中，自然而然开始关注戏楼、剧场等演出场所。其主要的研究成果以山西大学戏剧文物研究所为代表，有廖奔的《中国古代剧场史》，廖奔在此书中论述了中国古代剧场的演变，提及了会馆戏台。在此基础上车文明将会馆戏台归于神庙剧场一类。此部分研究和建筑学专业联系较为紧密，此后北京交通大学教授薛林平在此基础上发表《北京清代会馆戏场建筑研究》一文，将在下一部分建筑学专业目前研究现状里予以论述。随着戏曲研究史的深入，2011年李静在研究"堂会"演出的研究中，涉及了会馆中的堂会演出，专附章节叙述会馆演剧特征，指出会馆演剧的特点是"仪式性"和"娱乐性"并存。与本文研究相关的是作者指出"堂会"演出属于"小剧场"，有"小剧场"效应。若此角度能和会馆中戏台的建筑尺度、空间大小、场所精神等要素相结合，将会颇有意思。

在对移民会馆的研究深化过程中，本人逐渐意识到来自不同地区的移民会馆其文化地域性的区别体现在会馆中祭祀乡神的活动和会馆戏楼中所上演的地方戏剧。文化传播中重要的一环是戏剧的传播。"乡音无改鬓毛衰""商路即戏路"，戏剧和演出场所之间关系紧密，戏楼戏台成为会馆建筑的标志性建筑物。

1.1.1.3 建筑学科对会馆建筑实体的研究性工作

主要从城市空间、单栋会馆建筑遗产保护、建筑空间演变、戏场研究角度、移民文化线路等角度出发。

1. 城市空间选址和布局角度

东南大学沈旸以大运河沿线城市的会馆为研究对象，发表了系列论文，分别论述了江苏苏州、山东聊城、江苏南京、天津各城市中的会馆的选址和空间布局，得出明清大运河沿岸城市会馆选址和布局的共同特点是靠近运河码头。此研究给本文在明清会馆的空间布局的位置演变上提供了有意义的参照。

华中科技大学的刘剀在《汉口会馆对汉口城市空间形态的影响》中指出"汉口存在着以地缘为基础形成以会馆为中心的城市空间分区聚集"，认为会馆作为一种明清时期的新型建筑类型，对于传统封建城市空间造成冲击，体现了新型商业城市空间的形成，具体表现在以会馆为中心的商业街区的形成、会馆带动了原来偏僻地区的繁荣发展。此篇文献给本文的启示是会馆一旦成为城市中重要的公共建筑，对其周边将会有巨大的建筑影响力，如何促进和刺激城市、街区、周边建筑的发展，由现象变成动因，将会是一个值得思考的问题。

季富政的《三峡古典场镇》、章文焕的《云贵川三省境内江西万寿宫分布及其来由》、陈蔚的《清代四川城镇聚落结构与"移民会馆"——人文地理学视野下的会馆建筑分布与选址研究》、侯宣杰的《清代以来广西城镇会馆分布考析》等，对西南境内的移民会馆选址进行了研究，归纳总结了西南地区移民会馆建筑选址和布局的特征。

2. 单栋会馆建筑遗产保护角度

何智亚的《重庆湖广会馆历史与修复研究》、重庆大学冷婕的硕士论文《重庆湖广会馆的保护与修复研究》、河南大学王萌的硕士论文《开封山陕会馆建筑装饰艺术中的吉祥图案研究》，对于会馆单栋建筑进行了测绘，通过数据和图示等技术性手段提出了会馆建筑作为历史遗产的保护措施。

3. 建筑类型辨识角度

刘剀、谭刚毅在《晚清汉口寺观兴废变迁研究》中认为，"汉口普遍存在着传统佛道寺观逐渐融入会馆，逐步向会馆演化的趋势"，文中提及寺观和会馆的关系，认为"汉口的很多寺观和会馆界限极为含混"。这对本文前文所提到的建筑类型之间的厘清，会馆的演变方式的讲述有重要参考作用。会馆最本质的特点是其外来的移民性，要了解会馆和神庙的演进关系，必须了解神庙中所祭祀的地方神祇来自何地、建筑的建造时间、由谁修建等因素。

4. 戏场建筑角度

明清会馆形式成熟之后，戏台、戏楼是其重要建筑组成元素。研究会馆中戏场建筑，针对性强的有两篇文献，车文明的《中国现存会馆剧场调查》以及薛林平的《北京清代会馆戏场建筑研究》。

车文明在廖奔对中国古代剧场研究的基础上，将会馆剧场归于神庙剧场，在此基础上所撰写的《中国现存会馆剧场调查》中对会馆中的剧场形式进行了分类，认为有三种类型，仿照神庙剧场、前后院双戏台以及室内封闭剧场，认为"戏楼必然是会馆的主要建筑"，并指出会馆戏楼和神庙剧场的区别在于其戏剧上演的随意性和频繁性。其在文后所附全国现存会馆名录是研究会馆剧场的重要资料。车文明教授的研究领域虽是中国戏曲文化史研究，但对于会馆剧场的研究实质上已经属于和建筑学专业交叉研究。

薛林平对北京几座会馆中的剧场进行了调研和测绘，撰写了《北京清代会馆戏场建筑研究》，而后在2009年出版的《中国传统剧场建筑》一书中，开辟专门章节收录会馆剧场。若从观点性上来说并不突破，但其工作说明建筑学界已经开始将戏曲文化研究的成果向本专业进行转化落地。

邬胜兰的《从酬神到娱人：明清湖广—四川祠庙戏场空间形态衍化研究》，在前期的研究基础上从戏场研究的角度转变到戏台，亦涉及会馆中的演戏场所。

5. 多元交通线路角度

1）京杭大运河线路

前文所述沈旸京杭沿线系列论文，以及俞孔坚的《京杭大运河国家遗产与生态廊道》对于京杭大运河沿线商业会馆都有记载和梳理。

2）盐业经商线路

邓军的《文化线路视阈下川黔古盐道遗产体系与协同保护》和赵奎的《川盐古道上的盐业会馆》考察了川盐古道沿线的工商业会馆建筑。

3）"江西填湖广—湖广填四川"移民线路

最早涉及此文化线路上会馆的文献为华中科技大学马丽娜的硕士论文《明清时期"江西—湖北"移民通道上的戏场建筑形制的承传与演化》，但研究重点是戏场，会馆戏台一带而过,选取的案例中未见会馆戏台,但此文化线路视野下的戏场研究,对于本课题研究提供了重要的启发。

此后,华中科技大学赵逵的博士后研究工作报告《"湖广填四川"移民通道上的会馆研究》对巴蜀地区的会馆进行了详细、系统的论述。对于会馆的研究,有以下两处发展:①在第三章的巴蜀会馆出现及其分布中,按照地域进行划分列表,即湖广会馆、江西会馆、广东会馆、福建会馆四类,说明在此地区的会馆研究中,已经注意到会馆的文化地域性的重要性。②按照不同的方式,对会馆进行了比较研究。第一个比较是巴蜀会馆之间的比较研究,其比较方式是地域文化的不同,此部分内容涉及移民源发地的建筑文化特点;第二个比较是巴蜀区域内会馆与其他地区会馆的比较,虽是比较不同,但其实是说明此地区会馆的共性;第三个比较是会馆和民居、祠庙、书院比较,说明作者已经意识到会馆和其他建筑类型的某种形式上和文化上的关联性,力求区别。此文对本文在研究思路和方法上有重要启示。

1.1.2 明清江西地域建筑文化研究

1. 江西宗教建筑

1)庙祭:万寿宫

与明清江西会馆直接相关的江西地域文化,宗教类包括与江西地方神祇许逊相关的文献,如金桂馨的《万寿宫通志》,章文焕的《万寿宫》,张璇的《明清时期江西会馆神灵文化研究》,李秋香、陈志华的《宗祠》。

《万寿宫通志》是一本资料性的文献,收集了从北宋至清末期间万寿宫建造的碑文、图录和楹联诗赋,是研究江西万寿宫的重要文献。章文焕先生的《万寿宫》是目前万寿宫学术研究最为重要的文献之一,此书在对许逊生平、神迹、祭祀崇拜的研究的基础上,最重要的是绘制了一个全国万寿宫分布图谱,在书中亦提出江西会馆在外省常常称为万寿宫,但对于此之间的联系和区别并未给予明确的说明。和明清江西会馆有直接关联的文献是张璇的硕士论文《明清时期江西会馆神灵文化研究》,此文提及江西会馆建筑中祭祀的地方神灵以及祭祀活动仪式,但仍旧没有说明会馆祭祀和庙殿祭祀的区别所在。

2)祠祭:吉安祠堂和赣州祠堂

李秋香、陈志华的《宗祠》,收录了山西、浙江、江西、福建、广东具有代表性的宗祠测绘图。这些图纸一是研究的重要基础性资料;二是根据这些图纸,将不同地区的宗祠进行比较,补充结合相关资料即可得出江西地区宗祠的特点。

车文明、郭文顺的《江西东部宗祠剧场举隅》,对于江西东部地区的祠堂进行了部分调研。李梦星的《庐陵宗族与古村》、胡龙生的《庐陵古村》、万幼楠的《赣南传统建筑与文化》分别测绘整理了吉安地区祠堂和赣州地区祠堂的图纸,对于研究江西会馆的祠堂原型起到了重要的支撑作用。

2. 江西地方民居和建造艺术

《江西民居》《赣南传统建筑与文化》《江西客家》对江西地区民居进行了调研和记录,具有数据资料性参考价值。而江西建筑室内外装饰艺术,见于各种书籍中,如《江西艺术史》《江西民居》,是研究江西地域文化的重要的参考资料。

3. 江西戏台

戏台类包括黄浩的《乐平传统戏台》、傅继强的《弋阳古戏台研究》、吴炳黄的《乐平古戏台研究》。其他如《江西艺术史》《江西民居》等均有相关性。

根据现有遗存,调查地区主要为江西乐平和弋阳。重要文献为黄浩的《乐平传统戏台》,文中对于乐平古戏台的形制与形式进行了论述,而后在此文献基础上有硕士论文傅继强的《弋阳古戏台研究》、吴炳黄的《乐平古戏台研究》。从江西建筑的形制切入,探讨会馆建筑的原型发展,本人发表论文《明清江西会馆建筑形制及其原型初析》,认为江西会馆的原型来源于江西宗祠和江西万寿宫,是本文研究的重要阶段性思考。

目前,研究明清江西会馆和地域建筑文化之间缺少对应关系,如何将明清江西会馆和地域建筑文化变迁关联起来,将是本文研究的内容之一。

1.1.3 既有研究局限和待解决的问题

综上所述,目前对于明清会馆研究,成果丰富,但也存在着以下几个问题。

1. 会馆建筑研究的全局性、传播性研究角度未见

会馆建筑的研究目前大都是以区域为界的切入视角。已有研究地区涉及北京、河南、陕西、贵州、云南、四川,其区域的划分并无标准,有根据行政区划,也有根据多元线路辐射的区域或者流域,甚至多省联合。以区为界的研究,侧重点必是强调该地域的建筑共性,会馆他乡地域的建筑文化性特征较难明晰,某乡会馆的建筑文化的动态传播亦难窥见。

故此,整体上缺乏能凸显会馆地域性特点的全局性和传播性的研究角度。

2. 会馆的建筑类型不明确,建筑功能、建筑形制布局不清

会馆建筑类型和住宅、宫庙、旅馆、书院混杂,最常见的是宫庙和会馆互为指代,建筑学科的实质性内涵不清晰。

3. 会馆建筑实体测绘资料较少

从建筑历史遗产保护的角度,对于遗存的明清会馆建筑实地考察和测绘工作已经开始,实地测绘地区主要集中在西南五省及河南地区,以单栋建筑为主见于书籍或实际的工程项目中,如何智亚的《重庆湖广会馆历史与修复研究》,但各地区的集中性测绘成果还未出现。

4.针对明清江西会馆建筑的研究还未系统展开

明清江西会馆建筑研究散见于各种研究文献之中，专论较少，不成系统。

故此明清江西会馆建筑的研究还属于开创阶段。把江西会馆作为江西建筑文化传播的载体进行论述，此工作尚属首次。

1.2　研究的意义

明清江西会馆建筑是明清时期江西地域原乡建筑文化的类型标本。随着晚清江西地区的衰落，以及江西流出人口在流入地区定居后的他乡同化，明清江西会馆建筑逐渐消失、颓败、改作他用，退出人们的视野，被人遗忘。在此背景下，本文研究的意义体现在以下两个方面。

1.填补明清会馆建筑学术研究的相关空缺，抢救性挖掘发现明清江西会馆的建筑历史文化价值，为今后的流动人口聚集场所的设计建造提供一些理论上的借鉴

目前，对于明清江西会馆的研究较为零散、不成系统，本书能够填补相关研究领域的一些空白，重新发掘明清江西会馆的建筑历史文化意义，为后续明清会馆建筑的研究提供学术支持。同时，江西地区明清时期为人口流动大省，作为江西流动人口的聚集场所——江西会馆，其建筑空间形态演化方式和社会变迁相关联，反映了明清社会的政治、经济特点，流动人口的聚集方式和集体心理等深层结构。对于人口流动性极大的当代社会和城市，如何建立相对应的流动聚集场所，具有深远的现实借鉴意义。

2.为地域建筑文化研究寻求动态思维角度

目前，地域建筑文化的研究，主流思路为从"静态"的角度固定某一个地区进行研究，本书加入"动态"文化传播的研究角度，研究传播出去的建筑类型，反推原乡建筑文化中的独特性特征，为以后的地域建筑文化研究提供一种新的思维角度。

1.3　相关概念说明

1.3.1　时空限定

时间上限定为明清时期，包含明朝、清朝、民国，时间跨度从明万历年间到新中国成立，主要依据为史学界在近现代历史分期时，把民国认为是晚清延续，故此统称为明清。在空间范围上限定为中国境内，会馆建筑在明后期传播到海外，其建筑类型

演变更为复杂，不为本书研究范围。

1.3.2 基本概念

1. 明清会馆

会馆为同乡籍贯组织在他乡（城镇乡）中建立的、具有原乡建筑文化基因特点的民间性公共建筑，以在他乡解决同乡籍贯人士相关事务的公共性质场所，具有祭祀、娱乐、住宿、管理等多项建筑功能。

2. 明清江西会馆

明清江西会馆特指位于江西以外地区、由江西籍贯人士所建造的会馆。

明清江西会馆为江西籍贯人士构成的民间同乡组织在他乡建造，并召集江西籍贯人士在他乡使用，融合了江西原乡建筑文化、技术符号特征与他乡文化、技术、建筑特征，具有祭祀、娱乐、住宿、办公等功能的公共建筑。

3. 原型、类型

原型为最原初发源（时间零点）的类型或者为一直隐含的典型（恒定）结构，原型具有中介性和双重性、永恒性和普遍性的特征。

类型则源于特定的地区和历史，是该地区集体记忆和生活方式的结合，具有地区限定和历史阶段性的特征。某种特定的建筑类型是某地区特定历史文化、技术和建筑形式的结合。

4. 建筑形制布局

建筑形制为建筑的基本形制和构造方式。

5. 原乡、他乡

原乡、他乡是一组相对概念。在同一建造主体下，原乡建筑指源发地建筑，他乡建筑即指建造于他乡、以特定建造主体所携带的地域文化为基因的建筑。江西会馆即为一种明清时期的江西他乡建筑。

1.3.3 书中编号体系

原型用大写英文标注，分为 A、B 两类，A 型指普遍结构原型，B 型指原乡祠庙原型。

类型用拉丁语标注，为 I、II、III 三类，I 型指士绅型会馆，II 型指工商型会馆，III 型指移民型会馆。原型和类型之间的关系，用"-"连接，如符号 A-I，指的是这类士绅型会馆是由普遍结构原型发展而来。

第2章

明清江西会馆建筑的历史发展和空间分布

本章主要论述明清江西会馆的历史发展背景和条件，以及在全国的空间分布特点和规律。

引　论

1. 明清会馆（典型性）

在时间上，明清会馆建筑作为特定历史阶段的建筑类型，其特定的历史条件是什么，产生后，如何发展完善为一种独立建筑类型？在空间上，存在历史时间段内，中国的整体空间分布是怎样的，空间分布有什么规律和特征？

2. 明清江西会馆（独特性）

在明清会馆建筑类型的典型历史时空特征下，明清江西会馆历史发展有哪些独有的特征？其在全国具体的空间分布如何，由哪些特定的江西因素所决定？

下文将对以上所提问题进行具体的论述和解析。

2.1　必备条件和典型建筑特点

会馆建筑的产生为"天时、地利、人和"三方面要素的综合作用。

"天时"——明清时期政治、经济、文化的发展。在政治制度上，明太祖朱元璋确定科举考试制度为官员选拔的主导方式，全国各地区对于科举的重视前所未有地加重，南方传统科举大省重视之风益加严重。同时，明清两代对西南地区的"改土归流"政策效果显著，西南地区的大开发全面开花，大量汉族人口向少数民族聚集地区迁移。在经济上，一方面城市发展进入更全面和更深度的发展阶段，大城市进一步繁荣，中小城镇出现；另一方面城市的发展带动了区域经济带的形成，商品物资大规模地流动，区域商帮兴起。在文化上，明清时期儒道佛三家合流，地方性民间信仰形成。

"地利"——明清时期交通网络体系的完善和深入。河运：明清时期的漕运主要采用内河航运，在元代的基础上，重新疏通长江—京杭运河沿线，使得沿线地区的经济人文流通加强，传统经济发达地区进一步繁荣。陆运：中国西南地区在改土归流的大背景下，朝廷进一步延伸和修通了进入西南五省的官方驿道；西北北疆地区也由于战争国防等军事原因，道路系统进一步完善。全国交通路网体系的改善和完善，为人口和物资流动提供了有力的支持。

"人和"——明清时期"士农工商"四民的人口流动。明清时期流动人口涵盖"士农工商"四民。"士绅"流动：科举考试制度下，一定规模的士子流动形成；明清官员籍贯回避制度和任岗时间固定换防制度，形成了长期的以北京为中心的官员流动流。

"农"流动：明清时期政府主导了几次大规模的农业移民迁徙，分别向西部和边疆地区进行农业移民，天灾人祸也导致民间性农业移民自发从人口密集地区向疏朗地区转移，农业移民是明清时期数量最为巨大的移民流。工商人口流动是伴随着明清时代经济的发展自然形成的，体现为奔走四方的区域性各地商帮，相对前三类人口流动更为深入、全面地进入中国全境。

上述明清时期的大历史背景，导致了会馆建筑的应时应需而生。

2.1.1 必备条件

人口的"流动性"和"同乡性"是会馆建筑产生的必备条件，原因如下。

1. 大规模人员流动

大规模同乡人员从原乡到他乡的流动过程中，对交通流动沿线和他乡最终流入地产生住宿、集会、相关流动和停驻事务办理建筑场所的需要。

2. 交通距离

根据明清时代水运和陆运的交通方式和行进速度，某籍贯人士从原乡到他乡的合理距离，一般为 500 ~ 2000 里范围。距离太近，半个月之内可以返程，逗留时间较短，出门在外人士没有内在动力建立会馆。距离太远，则原乡和他乡的联系太过微弱，目标地流动人口数量较少，一般不够实力在他乡建立会馆。

3. 籍贯的壁垒性

中国是一个血缘性到乡缘性的族群社会，会馆是乡缘社会在他乡的体现。乡缘社会的形式即为籍贯，籍贯壁垒限定了流动人口在他乡的各项政治、经济、教育权利，成为土客冲突的核心，同乡人群自发集聚，也是会馆建设的原发条件。

4. 同乡族群实力

会馆是原乡族群在他乡实力达到一定程度，已经具有组织形态后，才有可能予以建造，故此会馆的建设一般较为重视建筑的规模和质量。

2.1.2 典型特点

会馆建筑产生后，具有建筑使用对象特定、场所固定、选址针对性的特征。

1. 建筑建造和使用对象特定

会馆的建造主体为在他乡的某乡籍贯人士的民间组织机构，建筑使用对象为在他乡的同乡人士。即地点的他乡性、人员的同乡性、人群的组织机构性、组织的民间性四大特征。

2. 建筑使用场所具备长期固定性特征

长期固定性主要针对会馆的集会性质，同乡人士的集会场所从流动性非固定集会转化为周期性、长期性固定集会，会馆因此而建造。

3. 选址只在城、镇、乡场中出现，不在村中出现

会馆选址只在城、镇、乡场中出现，具备流动人口公共活动中心之特征，在乡村中建造较少，概因会馆建造需要一定的经济实力，又或因村落之中的公共活动中心被宗祠所控，是血缘性社会的体现，而会馆是地缘性社会族群的体现。

2.2　历史发展

2.2.1　明清会馆的建筑历史分期

在分期上，明清至民国的会馆建筑历史发展，可以分为四个时期，渊源期—定型期—发展期（两个阶段）—转用消亡期。

渊源期从宋代至明中期，起于宋海滨四先生会馆，第一座真正意义的会馆建筑为明永乐年间俞谟在北京前门外建的芜湖会馆，明中期至明末，会馆建设在北京掀起一个小高潮，在大量的兴造过程中，会馆建筑型类型定型。明末至清进入发展期，在全国扩张，并且依据不同的人群和地域条件，发展出不同类型的会馆建筑，演化一直延续到民国，民国后期会馆逐渐转为其他建筑类型使用。新中国成立之后，政府从社会管理的角度考虑，予以限制取缔，兴衰五六百年的会馆建筑退出历史舞台。

根据会馆的发展，其演变发展基本分期如下。

1. 渊源期

宋代至明中期，以俞谟捐宅为会馆为分界点。

2. 早期（定型期）

明中期至康熙时期。其代表性集中区域为北京。会馆从北京内城转至北京外城，建筑标志是从住宅建筑类型中脱离出来，独立成具有自我类型特点的建筑。

3. 中期（发展期1）

清中期至鸦片战争以前。其代表性区域为北京、东南传统商业发达地区和西南移民地区。会馆兴建繁盛，建筑类型发展多样，从北京扩展至全国范围，工商会馆逐渐成为非京师地区的主导型会馆类型，快速发展。西北地区由于西北边疆的贸易作用，山陕会馆在此地区兴建。

4. 晚期（发展期2）

鸦片战争之后至辛亥革命。其代表性地区为各地通商口岸和移民地区。通商口岸会馆逐渐向现代商会办公建筑发展。传统商业线路地区，会馆中的移民的地域性建筑特征加强，会馆重新和传统的宫庙建筑在样式上叠合。

5. 末期（转用消亡期）

民国至中华人民共和国成立。北京地区基于科举的士绅会馆随着科举考试取消，逐渐重新被侵占为民宅，一些大型会馆，成为同乡会办公集聚地。其他地区的商业会馆大历史社会背景下，会馆建筑房屋被转为学校、公所、寺庙、礼堂、戏院等地区公共建筑，类型解体。

2.2.2　明清江西会馆的历史演变

明清江西会馆作为会馆建筑的典型样本，和全国的会馆建筑的历史发展同步。

1. 早期

江西会馆主要为士绅型会馆，基本和最早俞谟捐宅为会馆同时期，即明永乐年间，江西在北京即设立浮梁会馆和南昌会馆，稍后明中期建立吉安会馆。其会馆建筑类型为士绅型会馆，大都以住宿作为主要的建筑功能。清代，士绅型的江西会馆搬出外城后在宣武门外大量兴建，并且出现了省府县三级会馆齐备的特征。其兴盛的内在动因为江西人对于科举的高度重视。

2. 中早期

江西由于地域经济的发展，经济对外输出大宗产品为粮食、木材、药材，而输入主要为盐以及其他工商用品，为适应区域经济的交流发展，工商型会馆亦伴随发展。江西的工商型会馆主要设立于传统经济较发达地区，即长江沿线、南北交通干线处以及东南地区。在这些繁华地区设立的江西工商型会馆的特征为一个地区只有一个，为省级会馆，建筑规模和建筑装饰等级都较高。

3. 中晚期

即清代顺治时期开始，伴随着大量的江西移民向西南地区的流动，在西南地区逐渐开始出现大量江西移民的庙宇，随着后期江西移民势力的上升，大量江西移民庙宇被挂牌转用为江西会馆，主导建造的人群主要为发达起来的江西商人，移民性会馆逐渐成为工商成分较重，但又不是完全类同于工商会馆的综合性会馆。西南地区的综合型江西会馆，原地方神庙的祭祀功能较为凸显，数量和传统的经济发达地区特征基本类似，其建筑规模、等级、建造质量皆要优于移民神庙。江西会馆在西南地区主要集中在湖广、四川、云贵五省。

4. 晚期

鸦片战争爆发后，随着通商口岸的开通，江西会馆在上海、汉口等处都有设立，以工商型会馆为主。江西会馆也出现了新的特征，如籍贯的壁垒逐渐被打破，从会馆逐渐向公所发展，适应了时代的潮流。如著名通商口岸上海的江西会馆，其选址就从早期的上海老城附近转至开埠外滩经济核心区。

此时期，江西会馆在其他地区以重修为主。

5. 末期

伴随着战争的发展，江西本土成为重要的战场，其本土实力受到重大冲击，人口和物质输出羸弱，同时在全国会馆凋敝的背景之下，江西会馆亦逐渐转为他用或损毁消亡，如北京的江西会馆重新转为民宅，安庆的江西会馆转为学校使用。

2.3　空间分布

2.3.1　空间分布规律和特征

2.3.1.1　明清会馆在全国的分布规律和特征

中国社会从战国开始进入"士农工商"四民社会，会馆建筑体现了明清时期四大人群在全国流动的社会现象。会馆建筑的建造和流动人群在他乡的刚性需求（如居住、解决事务性要求）的强度，也体现了某乡特定人群在某地的综合实力，以及原乡和他乡的内在联系和互动情况，其空间分布集中出现在以下城市和沿线区域。

1. 北京

出现最早，单个城市数量最多。北京为明清"士绅"人群重要流动地，士参加科举备考等待、官职到任的候职等待，使得北京成为全国会馆建设最早，且数量最多的城市，其明清两朝，有记载的会馆数量达到九百余座。虽然各省会城市也有科举考试的乡试，但是会馆能够建立的必要条件为路途较远，有中长期的停滞时间，故此各省会城市的科举性质会馆并不多。

2. 长江—大运河沿线重要城镇

北京作为全国的中心，成为全国的重要物资供给输入地区，物资较为发达的南方地区向北京进行物资输送，故此长江—京杭大运河沿线重要城镇，成为会馆建设的重要区域，此沿线区域的城镇会馆建设和工商人群的活动有重要关联，也是各省市工商实力的体现。另一个重要大宗物资的流动为盐，其中淮盐为明清时代一半的国家盐业收入来源之地，故此扬州成为食用淮盐地区各省会馆的聚集区。

3. 东南传统经济发达地区城镇

东南传统经济发达地区为江苏、浙江和广东城镇，这些城镇，商业和手工业活动兴盛，明代开始形成较为强大的区域经济中心，大量工商人口流动，开始建立工商性会馆，如广东佛山为典型地区。在商业发展的背景下，会馆的人员籍贯壁垒性被打破，会馆逐渐向弱化籍贯人员综合的行会公所转变。由于这些地区城市建设活动活跃，建筑更新拆建速度快，故此在这些传统的经济发达地区现存会馆数量较少。

4. 西南移民地区重要城镇

代表为四川成都和重庆、贵州、云南、广西城镇。明清两朝，由于战争原因，该地区原住人口缺口较大，为重振该地区，官方主导从东南人口繁盛地区向西南移民，即著名的"江西填湖广，湖广填四川"的移民活动。明代移民主要为农业移民，经过水路或者陆路进入西南地区，在沿线建立了大量的移民神庙。随着移民群体的扩大，生活逐渐稳定发展，和移入地的原住民与官府交往事务增加，各籍贯移民群体利用之前所建移民神庙作为移民综合性会馆。移民综合性会馆的建立需要一定的实力方可建成，而其分布大致亦靠近重要水系旁的重要城镇。

5. 西北边疆地区，甘肃、青海、新疆三省区

西北边疆地区会馆亦有建设和分布，其主要和山陕商人的行商有关。明清之际，山陕商人长期把持西北边疆地区贸易，其他商帮只能零星介入，虽有行商而至，但终归实力未达，建设会馆数量较少。比较有意思之处在于，山陕商帮由于其强大的商业实力，山陕本地区对外具有强烈的排他性，故山、陕二省地区他乡籍贯人士会馆建设稀少。这也进一步地证明了会馆是人口流动之后的必然产物。

6. 通商口岸城市

鸦片战争后，全国被西方列强强制开放的通商口岸有 110 个，通商口岸的开放，标志着西方势力全方位和深度地进入了中国。一方面，促进了原通商口岸城镇的市场化发展，另一方面中国传统的商帮在西方商会的冲击下，开始走向衰落。通商口岸的会馆建设同时体现出了此盛衰两面。盛，如汉口和上海，汉口为长江干线上的传统商业发达的重要城市，通商之后，城市进一步发展繁荣，会馆建设活动也大为兴盛，至清末，汉口的商业性会馆已达一百余所；而上海，因通商开埠而发展为近代中国第一大商业都会，取代苏州成为新的全国经济中心，其会馆公所的建设数量，在通商之后上升到 40 所左右。受西方文化的影响，通商口岸的会馆大致都转变成了行业性公所。衰，在通商口岸城镇，传统的会馆改造适应新的时代潮流，而新建的会馆活动已经少见，在这些城市让位于更具有市场性特点的银行、俱乐部等商业建筑类型的建造。

明清两朝，全国的会馆建设分布图如图 2-1 所示。

2.3.1.2　明清江西会馆在全国分布的规律和沿线区域划分

各地域人群在全国的会馆建设具有各自的影响和势力范围。如山陕商帮向西控制西北地区，向东进入河北，向南进入四川，但四川地区主要为两湖人士兴建会馆。山东人士进入河南和江苏北部，广东、福建人士进入江西和西南地区兴建会馆，安徽人士沿长江东西南北辐射。而江西地区人士兴建会馆的主要分布规律为北上和西进两个方向。

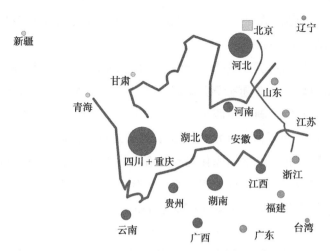

图2-1 全国会馆密集分布区域示意图 ❶

1.基本分布规律

以全国会馆建筑发展为基本背景和参照系,江西会馆的发展和全国会馆的发展同步,是明清时期江西地区"士农工商"四民,在全国流动和发展的体现。江西人"全时间全空间"参与会馆建设。江西会馆具有时间上出现早、跨度完整、空间分布广、数量多、质量高、建筑类型原乡地域性强等多个特征,是研究会馆建筑类型发展的典型地域样本。

明清江西会馆分布具备以下几个特征。

1)总体分布沿水而建,全面开花

在全国会馆建造地区均有分布。主要分布特点为省府级会馆沿着全国的交通水运干线临水重城重镇而建。

2)士绅会馆定固北京

江西会馆中的士绅会馆类型,在北京地区数量上位于前列,在南京和省会地区有所建设。

3)工商会馆分布漕盐干道沿线

工商类型会馆,在传统漕粮盐运水运干线——京杭大运河的南方段重镇,苏州、扬州、南京皆有兴建,建筑规模和质量在当地各地区会馆建筑比较中皆为前列。但在道光之后,漕粮因战争河运改海运之后兴起的工商重镇宁波,却未见兴建,是为特例。

东南地区,广东、福建、浙江,由于商业一直较为发达,当地坐商实力较强,故江西会馆亦有兴建,但数量不多,以省级会馆为主,单栋建筑规模较大。

鸦片战争之后,开放的通商口岸的工商类型发展中,江西会馆分布以省级馆为主。

4)移民综合会馆的西南地区分布

综合性会馆类型中,西南移民沿线地区中,江西会馆的建设数量巨大。西南移民

---

❶ 本书图表除特别注明外,均为作者自绘或自摄。

线路的陆路沿线江西会馆建造较少，而水路沿线建造较多。西南地区中，云南、贵州两省，江西会馆同比建造数量最多，两湖地区、四川省，同比建造数量分布位于第一梯队。在四川地区，早期江西农业型移民所建立的会馆，位于四川各场镇地区或者开发的山区较为密集。

而对于边疆移民地区，主要为西北地区，一来路途遥远，二来当地贸易被晋商所控，江西商帮势力无法深入，故此在这些地区江西会馆虽有兴建，但实力微弱，往往和南方其他省联合建立多省联合会馆。

2. 江西会馆沿交通干线分布的区域划分

会馆，主要沿主要交通干线分布。交通干线的使用，根据载体不同，大体可分为人流和物流两线。单纯的人流线因为负重较轻，较为灵活，选择的线路方式较多，可陆路可水路，对于人流而言，最后能"停留"之处即要考虑馆宿问题，而馆宿时间长短，成为会馆建立的内在需求；对于物流，尤其是大宗物资，如粮食、木材、盐，量大物重，必定首选使用水路，交通流线较为固定。明清时代，中国进入区域性物资流通时代，各地商人开始进行长途商贸，长期远离故土，身在他乡，为增强自我的保护和增强商业竞争力，在物资集聚中转停顿之处，必定各地商人汇集，而后集合成帮，发生事务，建馆为会。

江西会馆建筑类型在全国的分布，与以水运为主导的交通干线分布基本一致，根据此特征，将全国分为以下几条线路区域：①进京南北干线城镇；②传统的东部经济发达地区；③西南移民线路沿线城镇；④新的通商口岸（长江、黄河沿线城市）；⑤其他地区。

江西会馆分布的基本规律为蝶形，"北上、西进、东推"，北上沿线和西进为江西会馆建设的强势主轴，为蝶形两翼，而东部相邻地区为传统贸易地区，亦有江西会馆建设（图2-2）。

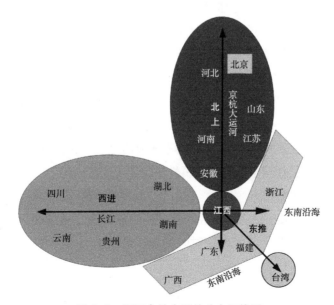

图2-2　江西会馆全国的分布规律图

2.3.2 进北京：长江—大运河南北干道沿线城镇

中国作为中央集权社会，中央对于地方的控制，主要通过驿站传递信息，官方驿路根据各地地形地貌和安全条件开辟，成为中国古代官方和民间社会共同使用的主要交通干道。

明代开始，江西至京师（南京）官道主要为水路，据《寰宇通衢》记载，"至江西布政司，水驿：十五驿，一千五百二十里"。永乐，京师迁至北京之后，江西至北京路线，通过南京中转。南京至北京官道有水路和陆路两线，"京城至北平布政司，其路有二：一路水马驿，四十七驿，三千四百四十五里；一路水驿，三十九驿，二千三百六十四里"。会馆产生于明永乐之后，故此进京线路应为江西至北京全线，共计约四千里。从江西出发，穿越浙江/安徽、江苏、山东、河北四省，至直隶天津，最后抵达北京。

2.3.2.1 因士而设：北京的江西会馆

明清时代，江西进京干线上本土主要流动的人口为士商。商人往往需要押运大量物资，故此在下文中和物流统一分析。

江西科举之风极盛，明清时代亦为科举大省。江西因科举而设的会馆在北京数量第一，在京建立时间最早，"北京永乐时期出现的三座县馆，江西占其二"❶，规模宏大。一因距离，二因对于科举极度重视的社会价值取向。

江西士人进京，主要为赶考。科举考试每年八月乡试在省会举行，次年二月在京师举行会试和殿试。明代开国，南京为帝都，但离江西距离只有一千四百里，路途并不算太遥远，同时洪武开科取士次数并不多，人员无需太多停留，故此南京并没有形成士绅会馆建立的土壤。永乐迁都北京之后，会试、殿试的时间并未更改，而对于南方地区的各省市人员来说，进京距离大大增加，江西至北京，距离四千里，路上单向路程在当时交通条件下所需时间至少四至六个月。从八月乡试结束，到放榜，随后中举的举人需要立马上路前往京师，到达京师之后，如若不中，等待下次开考，又需要三年，故此大量江西士子选择停留在京师，对于较长周期的居住提出了需求。在中国讲究乡谊之情的明清社会，以及江西地方对于科举的高度重视，导致江西会馆大量兴建。由于江西地域对于科举的高度重视，考试成功之后，又能兴建或捐赠会馆提携后生，回馈乡里，形成了会馆不断兴造的良性惯例。

1. 明代北京的江西会馆

明代江西省、府、县三级会馆已经齐备，总计有 16 所，为显示其在空间上的变动，故按照时间顺序予以排列，不能确定时间的放在最后。明代江西在北京的士绅会馆如表 2-1 所示。

❶ 白继增，白杰.北京会馆基础信息研究 [M].北京：中国商业出版社，2014：277.

明代北京的江西会馆[1]空间分布地址   表 2-1

序号	时间	名称		行政区划		地址
		常用名	别名	地区	级别	
1	明永乐年间	浮梁会馆	—	浮梁县	县级	崇文门西河沿西段
2	明永乐年间	南昌县馆	—	南昌县	县级	长巷四条 6 号
3	明前期	余干会馆	—	余干县	县级	长巷四条 12 号
4	明前期	怀忠会馆	怀忠祠	吉安府	府级	府学胡同
5	明中前期	吉安老馆	—	吉安府	府级	鲜鱼口街东段路南
6	明嘉靖年间	江西会馆	铁柱宫	江西省	省级	崇文门西河沿中段路南
7	明万历三年（1575 年）	九江会馆	九江五邑馆	九江府	府级	珠市口西大街 57 号
8	明万历三十六年(1608 年)	乐平会馆	—	乐平县	县级	长巷四条 12 号
9	明中期	上新老馆	—	上高县 / 新昌县	县级	草厂横胡同
10	明中晚期	江西会馆	谢枋得祠	江西省	省级	法源寺后街 3 ~ 7 号
11	明末	吉安会馆	—	吉安府	府级	粉房琉璃街 71 号
12	明末	吉安会馆	—	吉安府	府级	珠市口西大街东段
13	明末	赣宁会馆	—	赣州府	府级	珠市口西大街 51 号
14	明末	上新新馆	—	上高县 / 新昌县	县级	鲜鱼口街东段路南
15	明代	袁州会馆	—	袁州府	府级	草厂七条 2 号
16	明代	吉州十属老馆	—	吉州县	县级	大江胡同 85 号

由图 2-3 可知，明代北京江西会馆主要集中密布于北京外城区，正阳门附近，对于政治中心有强烈的向心性。

2. 清代北京的江西会馆

清代江西会馆在京师的空间布局，其设置的主要特征基本符合清代全国会馆在京设置的大体布局，地址布局见表 2-2，空间分布见图 2-4。

---

[1] 相关数据根据《北京会馆基础信息》，江西省在京会馆一览表重编。

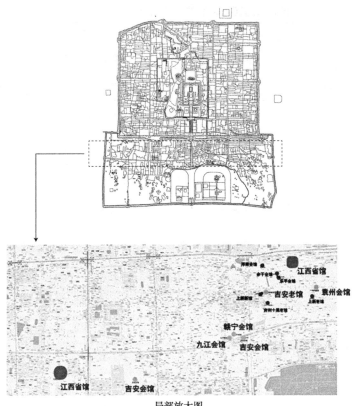

局部放大图

图 2-3 明代北京江西会馆空间分布图

（底图：百度地图 / 明代北京街巷图）

清代北京江西会馆^❶地址

表 2-2

行政区划		名称		建立时间	地址	
省级	级别	用名	别名		民国登记地址	现在地址
江西省 （10 所）	省级 （10 所）	江西会馆	—	清前期	河泊厂西巷路西十号	祈年大街路中段
		江西会馆	—	清光绪九年	宣武门大街路东 196/197 号	宣武门外大街 28 号
		江西会馆	—	清	永光寺西街路东 22 号	宣武门外大街 8 号
		江西会馆	—	清	香炉营四条中段路南	庄胜城
		江西会馆	—	清	丞相胡同路西 6 号	菜市口大街北段
		江西会馆	—	清	同左路北 27 号	南横西街 13 号
		江西会馆	—	清	北半截胡同路东 49 号	广安门内大街新 2 号
		江西会馆	—	清	潘家河沿路东 74 号	潘家胡同 20 号
		江西会馆	—	清	琉璃厂路南 188 号	琉璃厂东街西段
		江西会馆	—	清	椿树上二条西段路北	椿树园

---

❶ 相关数据根据《北京会馆基础信息》，江西省在京会馆一览表重编。

续表

行政区划			名称		建立时间	地址	
省级	级别		用名	别名		民国登记地址	现在地址
南昌府（21 所）	府级（2 所）		南昌郡馆	南昌东馆	清前期	同左路南	长巷三条 39 号
			南昌郡馆	熊直宗故宅	清雍正二年（1724 年）	宣武门大街路东 158 号	宣武门外大街 40 号
	县级（19 所）	南昌县（2 所）	南昌西馆	—	清代	同左路东 31/32 号	魏染胡同 36 号
			南昌新馆	—	清末	潘家河沿	潘家胡同
		奉新县（5 所）	奉新东馆	—	清前期	正阳门东河沿路南 54/55 号	崇文门西河沿西段
			奉新北馆	—	清乾隆二十六年（1761 年）	羊肉胡同路南 31 号	中信城
			奉新南馆	—	清乾隆二十六年（1761 年）	驴驹胡同路北 3 号	中信城
			奉新中馆	—	清中晚期	保安寺街路南 24 号	中信城
			奉新西馆	—	清中晚期	北极庵路西 2 号	庄胜城
		新建县（3 所）	新建老馆	—	清乾隆三年（1738 年）	宣武门外大街 28 号	宣武门外大街 28 号
			新建东馆	—	清前期	同左路西 54 号	长巷头条 35 号
			新建西馆	—	清光绪九年（1883 年）	王寡妇斜街路北 16 号	棕树斜街 45 号
		丰城县（3 所）	丰城东馆	—	清乾隆年间	同左路西 40 号	长巷头条 53 号
			丰城南馆	—	清乾隆年间	保安寺街路北 1 号	中信城
			丰城新馆	—	清同治年间	保安寺街路北 11 号	中信城
		武宁县（3 所）	武宁会馆	—	清嘉庆六年（1801 年）	同左路	南芦草园胡同
			武宁会馆	—	清代	同左南路 57 号	上斜街 40 号
			武宁会馆	—	清代	高井胡同中段路南	好景胡同 16 号
		进贤县（1 所）	进贤会馆	—	清前期	高井胡同	好景胡同
		靖安县（1 所）	靖安会馆	—	清代	同左路西 26 号	魏染胡同 49 号
		宁州县（1 所）	义宁会馆	宁州会馆	清乾隆四十四年（1779 年）	高井胡同	好景胡同
建昌府（9 所）	府级（1 所）		建昌会馆	南城会馆	清前期	宣武门大街	宣武门外大街
	县级（8 所）	新城县（4 所）	新城会馆	—	清前期	同左路东 8 号	长巷四条 18 号

续表

行政区划			名称		建立时间	地址	
省级	级别		用名	别名		民国登记地址	现在地址
建昌府 （9所）	县级 （8所）	新城县 （4所）	新城老馆	黎川会馆	清中前期	椿树上头条路21号	椿树园
			新城新馆	陈用光故宅	清嘉庆年间	椿树上二条路北2号	椿树园
			新城会馆	—	清中晚	椿树下三条路北10号	椿树园
		南城县 （3所）	南城会馆	—	清	中兵马街路南16号	中信城
			南城东馆	—	清同治五年 （1866年）	长巷三条路西37号	长巷二条16号
			南城西馆	—	清同治七年 （1868年）	同左路东37号	魏染胡同28号
		南丰县 （1所）	南丰会馆	—	清中期	同左路西20号	北柳巷29号
吉安府 （府县 级） 11所	府级 （6所）		吉安会馆	怀忠会馆、 吉安二忠 祠	清顺治三年 （1646年）	抄手胡同路西12号	新潮胡同13号
			吉州会馆	—	清晚期	潘家河沿路东58号	潘家胡同58号
			庐陵会馆	—	清晚期	同左路西35号	粉房琉璃街79号
			庐陵会馆	—	清咸丰十年 （1860年）	大蒋家胡同路北73号	大江胡同29号
			吉州十属 新馆	—	清中期	潘家河沿路西42号	潘家胡同21号
			吉州十属 惜字会馆	—	清	棉花上四条路南20号	骡马市大街9号
	县级 （5所）	永新县 （3所）	永新南馆	—	清乾隆年间	香儿胡同西段路北	广安门内大街208号
			永新北馆	—	清乾隆年间	同左路东44号	校场头条号
			永新新馆	—	清同治十年 （1871年）	兵马司中街路北3号	中信城
		永丰县 （1所）	永丰会馆	—	清中期	宣武门大街路西	宣武门外大街
		安福县 （1所）	安福会馆	—	清	西草厂路北53号	永光东街9号院
抚州府 （9所）	府级 （4所）		抚临会馆	—	清前期	宣武门大街路东192号	宣武门外大街30号
			抚临西馆	—	清	万春胡同	广安门内大街西段路北
			抚州会馆	抚郡南馆	清乾隆年间	同左路南50号	香炉营头条26号
			抚州东馆	—	清	大吉巷南42号	中信城
	县级 （5所）	临川县 （2所）	临川会馆	周泽鸣故居	清	同左路西5号	裘家街11号
			临川会馆	—	清	香炉营二条路南37号	庄胜城

续表

行政区划			名称		建立时间	地址	
省级	级别		用名	别名		民国登记地址	现在地址
抚州府 （9所）	县级 （5所）	宜黄县 （1所）	宜黄会馆	—	清前期	阎五庙前街路西26号	五老胡同兴隆都市馨园
		金溪县 （2所）	金溪会馆	—	清前期	同左路东9号	长巷三条20号
			金溪新馆	—	清	同左路西36号	长巷四条23号
瑞州府 （1所）	县级 （1所）	高安县 （1所）	高安会馆	—	清雍正元年 （1723年）	燕家胡同路东22号	西杨茅胡同1号、 3号
饶州府 （6所）	府级 （1所）		饶州会馆	—	清	潘家河沿路西17号	潘家胡同33号
	县级 （5所）	浮梁县 （2所）	浮梁老馆	—	清初	同左路	廊房三条
			浮梁会馆	—	清嘉庆 二十二年 （1817年）	官菜园上街路东26号	菜市口大街中段
		鄱阳县 （1所）	鄱阳会馆	—	清前期	同左路北14号	茶儿胡同27号
		乐平县 （1所）	乐平西馆	—	清代	虎坊桥路北53号	珠市口西大街259号
		德兴县 （1所）	德兴会馆	—	清前期	同左路东10号	长巷四条20号
九江府 （3所）	府级（1所）		九江会馆	—	清末	高碑胡同路南19/20号	国家大剧院
	县级 （2所）	德化县 （2所）	德化会馆	—	清康熙年间	西柳树井路南60号	珠市口西大街80号
			德化会馆	—	清道光年间	同左路西15号	大席胡同25号
袁州府 （3所）	府级 （1所）		袁州会馆	—	清光绪年间	同左路南21号	板章胡同14号
	县级 （2所）	宜春县/ 分宜县	宜分会馆	—	清	同左路北19号	上斜街43号
		分宜县	分宜会馆	—	清中期	同左路南12号	板章胡同26号
南康府 （3所）	府级 （3所）		南康会馆	—	清前期	东珠市口路北23号	珠市口东大街19号
			南康新馆	—	清前期	小桥胡同路南10号	鲜鱼口街中段
			南康会馆	—	清	冰窖胡同路北22号	冰窖斜街11号
广信府 （3所）	府级 （1所）		广信会馆	邵士平旧居	清咸丰年间	同左路西10号	铁门胡同13号
	县级 （2所）	广丰县	广丰会馆	—	清前期	同左路	长巷二条
			广丰会馆	—	清	同左路东7号	长巷四条16号
赣州府 （4所）	府级 （4所）	赣州府 （1所）	赣州会馆	—	清	同左路西44号	煤市街131号

续表

行政区划			名称		建立时间	地址	
省级	级别		用名	别名		民国登记地址	现在地址
赣州府 （4 所）	府级 （4 所）	赣州府 /宁都 府 （3 所）	赣宁会馆	—	清初	西珠市口路北 40 号	珠市口西大街 69 号
			赣宁分馆	—	清初	同左路南 24 号	甘井胡同 12 号
			赣宁新馆	陈炽旧居	清同治年间	西柳树井路北 6 号	珠市口西大街 83 号
临江府 （5 所）	府级 （4 所）		临江会馆	—	清	椿树上头条路北 6 号	椿树园
			临江会馆	—	清	同左路东 3 号	长巷二条 6 号
			临江会馆	—	清	同左路北 78 号	西打磨厂街 189 号
			临江会馆	—	清	正阳门东河沿南 50/51 号	崇文门西河沿街西段
	县级 （1 所）	清江县	清江会馆	—	清光绪	保安寺街路北 2 号	中信城
南安府 （2 所）	府级 （2 所）		南安东馆	—	清前期	同左路东 2 号	草厂七条 6 号
			南安西馆	—	清乾隆年间	宣武门大街路东 188 号	宣武门外大街 30 号

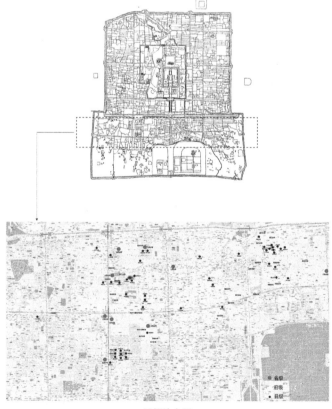

局部放大图

图 2-4　清代北京江西会馆空间分布图

（底图：百度地图 / 清代北京街巷地图）

2.3.2.2　因官方大宗物流而设：沿线大宗物流停留城镇的江西会馆

1. 长线：因漕运而设的江西会馆

江西唐宋开始，即为全国的产粮重要地区，粮食输出大省，明清时代为国家漕粮大省。作为国家粮食经济命脉，江西漕粮进京线路分为两段：第一段，从江西各县（50个中的43个县）汇聚到南昌，或陆路或水路；第二段，从南昌出发，入鄱阳湖，通过鄱阳湖入长江，沿长江顺江而下，经淮扬运河，逾黄河，入临清运河转北运河，最后入北京通州港。形成整个漕运进京的南北长线交通，如图 2-5 所示。

沿线重要城镇为安庆、仪征、扬州、淮安、台庄、临清、天津、通州等港口。漕运停留的主要城镇为设置了钞关和水次仓的城镇，具备此两大特点的城镇，激发了江西会馆建筑的兴建。

1）钞关城镇

为增加税收同时控制商人，明太祖朱元璋设立水上钞关，即税关，于宣德四年（1429年）创设，设于水域关津之处。明初京杭运河沿线有 9 个钞关，依次为崇文门（北京）、河西务（天津）、临清、济宁、徐州、淮安、扬州、浒墅（苏州城北）、北新（杭州）。济宁和徐州钞关在明正统四年（1439 年）裁废，苏州和杭州亦为钞关，但江西漕粮线路不走浙江境内，此两城镇放在后文论述。

"漕船北上和回空船只南下，均可免税附带一定数量的土产货物"[1]，但为了防止走私，漕船需在京杭运河沿线的征税钞关盘验。钞关成了漕船的主要停泊码头，随船的运丁往往自带私货，在漕船盘验前会上岸出售携带的南北货物，并且购买当地的土产杂货，当地商人也借机汇聚，钞关所在城镇成为南北物资聚散的中心。

钞关沿河道设置，建筑本身由办公（钞关公署）、关卡（放关处）两部分组成，为防止船只从旁道绕开逃税，会在旁系河道处设置查岗建筑，所谓小关。其基本布局和现在的海关建筑类同。钞关由于位于城市关卡，一方面选址就在入城的河道关卡处，同时也会因钞关的设置，而形成新城商业干道的起点，辐射整个城市空间，影响城市布局；另一方面，由于通关手续的办理需要一定的停滞时间，故此各省会馆建筑往往在钞关附近，城市之外，沿河道设置等待。如江西会馆在北京崇文门钞关之外设置的早期"铁柱宫"，又如扬州的江西会馆亦和其他省会会馆一样，设置于钞关入城前的河下沿。

2）水次仓城镇

漕粮进京，由官方控制，一路由漕兵护送，护送时间限定严格。沿线漕运另一主要停顿之处为水次仓城镇，等待汇聚各省到达的漕粮。水次仓建于河道干线旁，接纳漕粮，由国家统一管理。明代永乐之后水次仓发展迅猛，实施兑运和支运法，即分段运输的方法，但清代漕运实行直达法（长运法），水次仓转运功能下降，故此江西漕粮

---

[1]　张照东. 清代漕运与南北物资交流 [J]. 清史研究，1992（3）：67.

停顿之处较少，在最后入京之处停顿较久，形成了漕运会馆。

江西漕粮限"二月过淮，六月到通，十日回空"。沿线主要水次仓城市为淮安、徐州、临清、德州、天津、通州。明代，和江西漕粮关系密切的淮安水次仓，淮安仓，又叫常盈仓，位于清江浦南岸，永乐十三年（1415年）建，敖八座，房八百间，收纳江西、湖广、浙江等处的漕粮。淮安水次仓还具有以粮兑盐的功能。正统十三年（1448年），"令两淮运司于各场便利处，置立仓囤，每年以扬州、苏州、嘉兴三府所属附近州县及淮安仓并兑军余米内量发收储。凡灶户若有余盐，送纳该场，每二百斤为一引，给予米一石"。❶

清代，对于江西漕粮运输较为重要的水次仓城市为通州的水次仓，建立了专门的漕粮会馆。而对于其他城镇会馆的建设，往往是钞关和转运仓都有设立的城镇（表2-3）。

江西会馆在京杭运河沿线钞关和水次仓城镇的设置 　　　　　　表2-3

省份	城市	性质	是否有江西会馆	数量（所）	地址	修建时间	备注
江苏	扬州	钞关	有	2	湖南会馆东（湖南会馆在南河下26号）	—	但应为因盐而设的会馆，而非漕运
					大桥镇白塔河北	清光绪初	江西木排、竹排、表芯纸常年不断运来销售，江西人士修建
	南京	水次仓	—	—			
	淮安	水次仓/钞关	有	1	西门堤外		
	徐州	水次仓/钞关（后裁废）	有	2	大同街76~79号	清乾隆五十六年（1791年）	
					新沂窑湾镇	清康熙年间	戏楼建于乾隆四年
山东	临清	水次仓/钞关	无	—	—		《万寿宫碑记》
	聊城	水次仓	有	2	运河沿岸	清嘉庆十一年（1806年）/道光	
	济宁	水次仓/钞关（后裁废）	有	1	—	清道光年间	
	德州	水次仓	无	—			
河北	天津	水次仓/钞关	有	1	估衣街	清乾隆十年（1745年）	又称豫章会馆。在原万寿宫处设立。主要为漕瓷运船
北京	通州	水次仓	有	1	北关里河沿胡同	清乾隆三十三年（1768年）	江西漕运会馆，原名许真君庙
	崇文门	钞关	有	1	崇文门西河沿中段路南	明嘉靖年间（1522—1566年）	"铁柱宫本名灵佑宫，祀许旌阳真人，肖公堂祀都阳湖神，均江西公所。"

---

❶　朱廷立.盐政志·卷四[M].

可见，因漕运而建立的江西会馆，典型空间布点是在京杭大运河由南至北的头、中、尾三个节点。漕运会馆的典型特征是临河而建，位于城关之外，方便漕粮运输。

因漕运而设的江西会馆，早期建筑主导人群为江西漕帮，漕帮的生活起居都在漕船上，基本不上岸，漕帮文化教育水平较低，故此推崇地方水神的民间信仰，江西地方水神民间信仰为许真君信仰和萧公信仰，一般在同一祠庙中共同祭祀，详细论述见本书第 5 章。因漕运而设的会馆，都是由民间祭祀祠庙转用而来。

如通州万寿宫，建于乾隆三十年（1765 年），由江西省 13 个运粮船帮集资兴建，即叫"江西漕运会馆"，道光元年（1821 年）重建，改名万寿宫，前殿供奉许真君，内有戏台，在运粮船地带通州交粮结账的等待期作为船工休息娱乐之地。

2. 中线：因盐运而设的江西会馆

江西从外省最大输入产品为食盐。江西自古缺盐，明朝建立之后，除广信府食浙盐，江西大部分地区食淮盐。明中后期之后，确立吉安府、南安府、赣州府，三府改食广盐。后虽有反复，但食盐格局整体以淮盐为主，浙闽粤盐为辅。清代基本沿袭明制，但在清中，吉安府又重新改行淮盐，南安、赣州和新设置的宁都行广盐。淮盐盐科半壁在江西和湖广两省。明清二朝，江西省境内形成了淮盐、广盐和浙盐的三个行销区。

三个地区的盐进入江西的路线为：淮南盐，从盐场到扬州集中，而后由仪杨河抵达仪征入长江，上溯至九江，进湖口，再至南昌蓼洲集中，最后在行盐府州散开；广盐通过广东南雄和龙川两地进入江西，而后转水运分销行盐区；浙盐从浙江常山陆运至江西玉山，而后分水、陆两路销售。三条线路中，淮盐线路为主线，基本为南北干线的南部段，此为中线距离。

作为国家垄断商品，严格确定了各项制度，其行销方式采用"专商引岸制度"，即场商（生产商）将盐运至引岸，由朝廷集中收购，而后由朝廷转卖给引商（销售商），引商再将盐运至各盐业专属区分销。对于各盐业生产区，国家设置盐务机构进行管理，盐务机构有相应的治所。淮盐、广盐和浙盐的管理都设置了盐务管理的一级机构——盐运司提取司，其治所分别在扬州、杭州和广州。浙盐和广盐在江西所占份额较少，又是邻省，且本身商业较为发达，故此还没有查到有因盐业而设的会馆，而对于扬州，各盐商在扬州建立会馆，目前扬州可考会馆 12 所，其中亦有江西会馆。如表 2-4 所示。

扬州江西会馆地址　　　　　　　　　　　　　　　　　　表 2-4

数量	名称	地址	备注
1	江西会馆	南河下	《扬州览胜录》："江西会馆，在南河下，赣省盐商建，大门中、东、西共有三。东偏大门上石刻'云蒸'二字，西偏大门上石刻'霞蔚'二字，为仪征吴让之先生书。首进为戏台，中进大厅三楹，规模宏大，屋宇华丽。每岁春初，张灯作乐，任人游览。"

数量	名称	地址	备注
2	四岸公所	丁家湾118号	湖南、湖北、安徽、江西四省盐商议事之处
3	吉安会馆	十二圩古街	民国，与盐商周扶九相关

2.3.3 东部：传统工商业发达城镇

除大宗粮食和盐物资，江右商帮在明清时期兴起，负贩天下。而商业性会馆的建立，需要江西地域商人在某城镇的商业实力达到一定的程度。故此在中国传统的经济发达地区，在明代已经开始形成区域经济的背景下，商业会馆的设立主要集中在传统工商业发达的城镇。在这些城镇中，江西商人较为有影响力的行业主要集中在木材、药材、瓷器等几个领域。

2.3.3.1 天下四聚

清人刘献廷在《广阳杂记》中云，"天下有四聚，北则京师，南则佛山，东则苏州，西则汉口"。

1. 北京

江西商人在北京设立的工商性会馆较少。其他性质的会馆设立，如前文所述。

2. 佛山

明代兴起的冶铁业，便利的南水交通，使得佛山成为明清时期的天下四聚之一，为手工业发展中心。佛山地区会馆出现和建立的时间相对其他地区较晚，但在道光之后迅猛发展，主要为行业性会馆居多。但江西为广东邻省，《禅镇江西义庄官式抄刻碑记》："职乡江西一省，客粤谋生者，人数殷繁。"江西会馆，道光十年（1830年）建，在豆豉街，同时建有江西别墅。

3. 苏州

苏州以发达的手工业为基础，成为明清时期全国最大工商城市。"五方杂处，群货聚集"。坐商中外地人比例较高，不同地区的外地人垄断不同的行业，江西商人主要从事木材行业，在苏州有专用水运码头。江西商人在苏州建立会馆的时间较早，建于康熙二十三年（1684年），阊门外留园五福路，康熙四十六年（1707年）扩建，乾隆期间多次翻修。主体为万寿宫典型布局，会馆特殊之处，是在正殿两侧的东西园各设立客厅一所。

4. 汉口

得益于长江、汉水航运之便，汉口成为南北交通干线上的重要物资集散和中转城镇。江西商帮在汉口立足较早，建立了江西会馆（表2-5）。

序号	名称	时间	备注
		汉口江西会馆地址　　　　　　　　　表 2-5	
1	江西会馆（江西万寿宫）	康熙年间	南昌等六府商人
2	临江会馆（仁寿宫）	乾嘉年间	临江油蜡、药材商人
3	江西会馆	道光二十一年（1841 年）	江西士商

2.3.3.2　重要工商业城镇

1. 安徽省：安庆

安庆为清代安徽省会，是江西进京南北干线上的重要城镇。安庆的江西会馆建于清同治年间，在靠近长江码头的任家坡，位于安庆市龙山路南段伊泽小学，内设戏台。

安徽的芜湖、六安、合肥亦有江西会馆。六安叶集江西会馆，位于现在叶集百货公司仓库院内，明万历年间建造。

2. 江苏省：南京

清《白下琐言》云，"金陵五方杂处，会馆之设，甲于他省"。南京江西会馆位于评事街，嘉庆十七年（1821 年）建，大门前有花楼，"以瓷砌成，尤为壮观"。江西商人在南京主要从事行业为瓷器和竹木。

在这些传统发达工商业城镇所设立的江西会馆，一般都屋宇轩昂，房产众多，这和会馆的建造人主要为士商，经济实力雄厚有密切关联。

江苏省除前部所论述的水次关城镇和关钞城镇外，在南通如皋也有江西会馆。

3. 浙江省：杭州

杭州为浙江省会，为南方丝绸贸易中心。江西会馆建于西大街。

浙江省的嘉兴、吴兴、温州皆有江西会馆记载。

4. 福建省：福州和厦门

福建的福州和厦门亦有江西会馆之文献记载。

5. 广东省：广州

广州会馆 25 所，其中江西设有会馆。

佛山和韶关也有江西会馆。佛山如上文所述，韶关为豫章会馆，位于始兴县城护城河南面，建于同治年间。

长江沿线和东部地区的江西会馆空间分布如图 2-5 所示。

由图可知，长江—大运河沿线的各重要城镇，均分布有工商类型的江西会馆，会馆数量分布以省为单位，数量不密集。

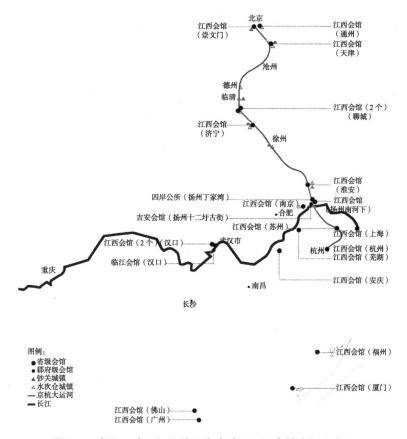

图 2-5　长江—大运河沿线和东南地区江西会馆空间分布图

2.3.4　西南：移民线路沿线城镇

江西会馆在全国设立的另外一个重要区域即为两湖、云南、贵州、四川、广西六省区。这六省区为江西人涉足的重要区域，但各省区设立的江西会馆，其内在动因各有不同。

2.3.4.1　西南江西移民背景

1. "农"——官方主导下的"迁徙"和"附籍"

官方控制的移民，人口迁徙的全过程在官方的控制之下，主要为农业人口，即常说的"江西填湖广，湖广填四川"。所"填"之处皆为平原和丘陵地区。

1）江西填湖广

元末明初，江西的经济发展和户口数超越湖广，而湖广的辖区面积却大于江西。官方主导的迁徙主要为军事屯田和强制移民两种。明初，明太祖进行大规模的军事屯田，大量江西人被抽丁入伍，成为湖广屯田的重要兵源。由于有军官身份，在当地扎根之后，往往成为当地大族。明初，明太祖下诏用优惠政策对湖广"昭民垦荒"，下诏免税或降税，没有入科的田地可以"世代为业"。江西农业人口大量向湖广地区流动，流入的是江汉平原和洞庭湖平原。

元末明初湖北省移民 98 万，其中江西籍移民 69 万，南昌和饶州二府移民各 19 万，吉安府移民 8 万，九江府移民 3 万。❶

元末明初对湖南的移民属补充式移民，占全部人口的 26.2%。以氏族计，78.5% 来自江西，且多为民籍；其中，来自吉安府的占一半以上。湘南以吉安移民为最，湘中也以吉安移民为多，但南昌移民也不少，湘西由吉安、南昌移民平分秋色，湘北则南昌移民一统天下。❷

2）湖广填四川（云南、贵州、四川、广西）

明代中后期，江汉平原和洞庭湖平原人口已满。部分原入湖广的江西人士在国家的主导下入四川，但此部分人口，在湖广地区久居，江西原乡文化已经较为遥远，此一阶段，从江西本省迁出，直接移民四川，前往云贵的江西人口主要为抚州府人口，"作客莫如江右，而江右又莫如抚州"❸。

四川省，由于湖广人口有地域优势，往往沿长江溯江而上，提早占据了长江沿线，江西人在川大都北上，越往西越密。根据乾隆四十一年（1776 年）的数据，江西移民，川东 9.8 万，川中 29.5 万，川西 44 万，总计 83.3 万。❹

农业人口移民湖广和西南地区，大都从事传统的农业生产，有传统农业生活方式，家族兴盛后，往往建立祠堂祭祀祖先，也会在移入地区建立移民的原乡神祇神庙。江西会馆大部分在移民性神庙的基础上发展而来。但会馆建设的主导人群和移民的工商人口密不可分。

2."工商"和流民——民间自发的人口流动

明初，在特定的历史背景下，江西省的赋税徭役过重，江西人口携一技之长，大量向湖广、云南、贵州、四川、河南流动，造就了大量工商人口。

湖北汉口，盐、当、米、木材、药材、花布六大行业，均有江西商号，尤其是药材业，几乎为江西清江商人垄断。湖南的岳州、长沙、衡阳"江湖渔利，亦唯有江右人有"。从明代以来，湖广地区流行着"无江西人不成市"的民谚。

而云南、贵州、四川、广西，自从明代开始改土归流之后，大量的江西人或军事屯田或工商移入该地区，其工商人口的数量为总移民数量的 40%。"滇云地旷人稀，非江右商贾侨居之，则不成其也。"江西抚州人艾南英则说，"富商大贾，皆在滇云"。清代，滇西南矿业开发，矿业是劳动密集型的行业，相当数量的江西流民进入矿山从事开矿、

❶ 曹树基.中国移民史（第五卷）[M].福州：福建人民出版社，1997：147-148.

❷ 同上：125-127.

❸ 王士性.广志绎.卷四 [M].

❹ 曹树基.中国移民史（第六卷）[M].福州：福建人民出版社，1997：101.

冶金工作，成为矿工。

2.3.4.2 西南江西移民线路

西南移民地区的江西会馆，往往移民神庙和会馆混用的情况较为严重，故经过仔细筛选，只选入确切作为会馆的建筑。移民线路的江西会馆分为沿大江大河主要水系和在山区场镇分布两条脉络。

1. 陆路，进入山区

江西农业移民通过主要河道进入西南境内之后，作为他乡之人，平原传统富饶的产区已经被原住民或者早期更有力的移民族群所占据，只能向传统经济繁荣区的周边山区转移，如成都平原的眉山、绵竹和凉州，湖南的张家界山区。这些地区一般少数民族混杂，但掌握了相对优势农耕技术的江西移民，逐渐在山区停留，势力壮大。江西农业移民集聚的山区会出现某乡镇皆有江西会馆的特点，基本是农业移民建立万寿宫后直接转为江西会馆，场馆规模一般都较小。体现了江西人进入山区后族群对外的对抗性，其客民特征明显。如张家界桑植的江西会馆/万寿宫，文献记载，"一进三间。官地坪熊、张、谢、何四姓所建"。从捐赠人的姓氏可知，江西传统社会看重"宗族"之理念，外显即为姓氏，姓氏直接体现为祠堂的建造，作为客乡移民，故建立江西地区之共同地缘福主，以代替共同之血缘祖先，其内在的心理和建造活动逻辑为：血缘至地缘，祠堂至庙宇的转变。此类性质的移民会馆，往往建立在场镇之中，介于村落和工商城镇之间，其基本的运作方式和祠堂祭祖类同，首领称为客长（等同于宗族的族长），在地方福主（祖先）诞辰时举行祭祀活动，随后演戏宴会，以受庇佑。这是原乡基层宗族文化在他乡的体现。

2. 水路，沿线重镇

西南水路沿线，主要是长江—各省重要水系，此类江西会馆大都为移民综合型会馆，工商为主导。其中，江西工商人口中，从投资方可知主要为南昌、吉安、临江和抚州四府商人，场馆建设都较为宏大、壮丽。

2.3.4.3 西南江西移民会馆

1. 江西填湖广——湖广的江西会馆

1）湖北的江西会馆

湖北为江西邻省，通过长江直接连接，早期大量南昌商人、抚州商人前往湖北地区经商。湖北的江西会馆设立，主要沿长江—汉水水系设置，其中襄阳所占江西会馆数量18座，数量过半，主要沿襄阳汉水沿线码头重镇而设立（表2-6、表2-7、图2-6）。

湖北省江西会馆分布

表 2-6

城市	县镇	名称1	名称2	地址	时间	备注
汉口 （4 所）		江西会馆	汉口万寿宫	民族路汉正街与长堤街之间	—	①汉口为长江沿线重要城市。 ②占地约 4000m² 淡描瓷器，曾为太平天国东王府
		江西临江府会馆	仁寿宫	—	—	
		南昌会馆	洪都公所	—	—	
		南昌会馆	南昌钱业别墅	—	—	
咸宁 （2 所）	崇阳（1 所）	江西会馆	万寿宫	—	—	咸宁位于武汉以南，与江西西北县为邻
	通山（1 所）	江西会馆	万寿宫	—	—	
襄樊 （18 所）	市区 （4 所）	小江西会馆	—	沿江大道中段	18 世纪末	仓储式会馆
		江西会馆	—	襄州区黄龙镇老街	—	
		江西会馆	—	襄州区双沟镇河西街	—	
		江西会馆	—	太平店	—	
		江西会馆	—	卧龙镇中街	—	
	谷城 （5 所）	江西会馆	万寿宫	县城	清雍正年间，同治二年（1863 年）重修	襄樊为汉水流域重要城镇
		江西会馆	—	石花江镇	乾隆二十一年（1756 年）建	
		抚州会馆	—	石花江镇东门街 150 号	—	
		抚州会馆	—	茨河镇	—	茨河为汉江南岸码头
		江西会馆	—	盛康镇前街 120 号	乾隆四十八年（1783 年）	
	光化 （老河口） （2 所）	江西会馆	万寿宫	—	—	
		抚州会馆	—	老河口市正南街	—	
	保康县 （3 所）	江西会馆	万寿宫	寺坪镇东500m 外蒋口村	道光九年（1829 年）	
		江西会馆	—	歇马镇大港街	—	
		江西会馆	—	欧店	道光年间	
	宜城 （2 所）	江西会馆	—	刘猴镇南街中段	清初	
		江西会馆	万寿宫 /江西庙	小河镇汉江边河街	乾隆四十年（1775 年）	

续表

城市	县镇	名称1	名称2	地址	时间	备注
襄樊 （18所）	南漳 （2所）	江西会馆	—	城关镇东关街中段	乾隆年间建，嘉庆年间完工	
		江西会馆	—	东巩	—	正大门为古驿道，便于骡马车队进出，有骡马车篷、货物仓库、戏楼戏台、商旅客栈、商铺、医生和兽医
十堰 （3所）	竹山（1所）	江西会馆	—	—	—	
	郧县（1所）	江西馆	—	—	—	
	勋西（1所）	江西馆	—	—	—	
荆门 （1所）	钟祥（1所）	江西会馆	—	—	雍正六年（1728年）建	荆门临汉水，为江汉平原重要城镇
荆州 （1所）	沙市（1所）	江西会馆	—	—	—	荆州为九省冲要之区，有十三会馆，江西会馆乃佼佼者。
宜昌 （5所）	宜昌（1所）	江西会馆	—	—	—	宜昌位鄂西，长江三峡出口处
	东湖（1所）	江西会馆	—	—	—	
	当阳（2所）	江西会馆	—	—	乾隆四十七年（1782年）	
		江西会馆	—	—	同治五年（1866年）	
	秭归（1所）	江西会馆	万寿宫	—	—	
恩施 （2所）	来凤（1所）	江西会馆	万寿宫/许真君庙	—	乾隆二十年（1755年）建	
	利川（1所）	江西会馆	—	—	乾隆四十六年（1781年）建	

湖北省江西会馆数量统计　　　　　　　　　　　　　　　　表2-7

序号	地区	数量（所）
1	汉口	4
2	咸宁	2
3	襄樊	18
4	十堰	3
5	荆门	1
6	荆州	1
7	宜昌	5
8	恩施	2
总计		36

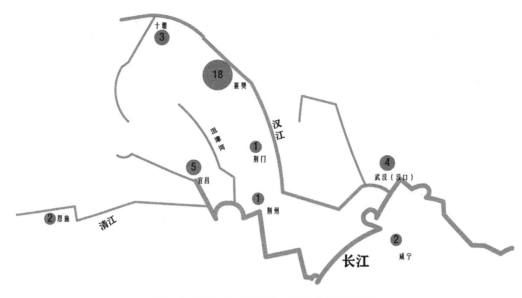

图 2-6　湖北省江西会馆空间分布示意简图

2）湖南的江西会馆

湖南的江西会馆比湖北的江西会馆数量稍多，为 42 所。湖南江西会馆的分布，主要两个特点，一为江西入湖南的陆路上设有江西会馆，如株洲的醴陵市、湘潭市；二为沿洞庭湖水系的湘水和沅水沿线城镇设置，如长沙、岳阳。湖南和贵川交界处，江西客民也较多，但是以设置江西移民神庙为主，能够上升成会馆的数量并不多。江西会馆设置仍符合其分布的基本规律，即沿大江大河，沿重要城镇。

江西在湖南的会馆，有将宾馆转为会馆的传统，如湘潭大量建立了江西各府宾馆（表 2-8、表 2-9、图 2-7）。

湖南省江西会馆　　　　　　　　　　　　　　　　　　　　　　表 2-8

城市	县镇	名称1	名称2	地址	时间	备注
长沙（1所）	市区（1所）	江西会馆	万寿宫	—	—	①长沙位于湘江下游，江西商人较为集中。 ②周围形成一个各郡邑会馆集聚群。明代晚期，清初扩建规模巨大
株洲（5所）	醴陵市（1所）	豫章会馆	万寿宫	西后街	明建，乾隆、光绪一再重修	①醴陵，江西萍乡进入湖南的门户，明清以产瓷著名。 ②有许旌阳斩蛟古迹，"三刀石"。 ③"凡赣人落拓于醴者，资以川资。病给医药，死无所归者，则畀以棺椁。"——《醴陵县志》
	醴陵县（1所）	江西会馆	—	沈潭镇美田桥村	—	醴陵县，会馆数量居湖南各县会馆之首

城市	县镇	名称1	名称2	地址	时间	备注
株洲 （5所）	攸县（1所）	江西会馆	万寿宫	—	—	攸县土著不准修建时用攸县泥土，江西客商用船装来土块煤填平低洼
	茶陵县（1所）	江西会馆	—	关镇交通街	—	
	炎陵县（1所）	江西会馆	万寿宫	—	—	
湘潭 （7所）	市区（6所）	江西会馆	万寿宫	十总正街，十总平政路	顺治七年 （1881年） 建	①湘潭，东界最近江西，有吉安、临江、抚州三大帮。临江擅药材、建昌专锡箔、吉安多钱点。 ②会馆地下有煤矿
		临丰宾馆	—	—	—	
		袁州宾馆	—	—	—	
		禾川宾馆 （永新宾馆）	—	—	—	
		昭武宾馆 （抚州宾馆）	—	—	—	
		黄州公所	—	—	—	
	湘阴（1所）	江西会馆	万寿宫	县城城隍庙旁	—	
常德 （3所）	市区（1所）	江西会馆	万寿宫	—	建于19世纪初	①常德，沅江下游，入黔要道。 ②客户江右商多。湖南四大江西会馆之一
	石门（2所）	江右会馆	万寿宫	下市	—	
		江西抚州会馆	万寿宫	县东十五里易家渡	—	
岳阳 （1所）	市区（1所）	江西会馆	万寿宫	—	—	①岳阳，湘东南部，洞庭湖出口。 ②江西移民以南昌一带居多，其中罗姓尤众
郴州 （4所）	资兴（1所）	江西客民会馆	万寿宫	—	—	郴州，湘东南，靠近广东
	汝城（1所）	江西会馆	万寿宫	旧：太平街转角处。 新：西关外桂枝岭东麓山脚	—	三开间两层楼房。民国江西同乡会
	临武（1所）	江西会馆	—	今下河街道	—	
	桂东（1所）	江西会馆	万寿宫	—	—	
邵阳 （4所）	市区（2所）	江西会馆	万寿宫	城东墙下，江西路一带	—	邵阳，资水上游，古为宝庆府治
		江西会馆	—	现邵阳市觉化街电气设备厂厂址	—	车敏来私宅，1747年捐为县学，后为义学。1760年，建万寿宫，民国时为县参议会所及《邵阳民报》社址
	城步（1所）	江西会馆	万寿宫	—	—	
	武冈（1所）	江西会馆	万寿宫	—	—	

续表

城市	县镇	名称1	名称2	地址	时间	备注
衡阳 (2所)	市区(2所)	江西会馆	老万寿宫	城南新街	—	衡阳面向湘江
		庐陵会馆	新万寿宫	铁炉门河街	清光绪年间	富商胡品高
张家界 (6所)	桑植(6所)	江西会馆	万寿宫	今县检察院左侧	道光末年建,民国创办赣江小学	三进。程、郁、刘、王、熊五姓所建
湘西土家苗族自治州 (4所)	永顺(1所)	江西会馆	万寿宫	王村河码头	—	①湘西,川黔边境。 ②明中叶以后,江西流民开始进入该地区,清代改土归流,又有大批赣民迁入。万寿宫遍布
	古丈(1所)	江西会馆	万寿宫	—	—	留有古铁钟一口
	泸溪(1所)	江西会馆	水府庙	—	清乾隆三十年(1765年)建	
	凤凰(1所)	江西会馆	万寿宫	凤凰东门外沙湾	清乾隆二十年(1755年)建	咸丰四年(1854年)在西侧建立返昌阁
怀化 (4所)	溆浦(3所)	临江会馆	仁寿宫	—	—	怀化,少数民族集中地区
		抚州会馆	—	—	—	
		南昌馆	—	—	—	
	靖州(1所)	江西会馆	万寿宫	靖州县河街中部,大南门外和坛	—	初为宋公祠,后改为江西会馆。县志里记载为江西乡祠。现存。湖南省级文物保护单位
永州 (1所)	江华(1所)	豫章宾馆	—	城外		

湖南省江西会馆数量统计　　　　表2-9

序号	地区	数量(所)
1	长沙	1
2	株洲	5
3	湘潭	7
4	常德	3
5	岳阳	1
6	衡阳	2
7	郴州	4
8	邵阳	4

续表

序号	地区	数量（所）
9	张家界	6
10	湘西土家苗族自治州	4
11	怀化	4
12	永州	1
总计		42

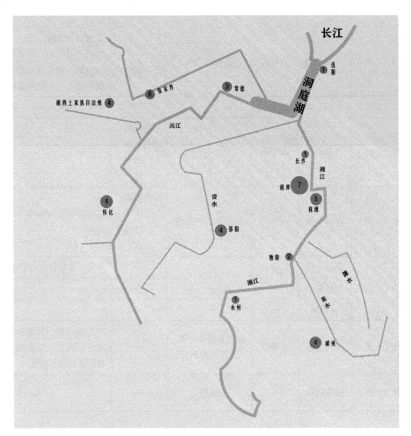

图 2-7　湖南省江西会馆空间分布示意简图

2. 湖广填四川——四川、贵州、云南、广西的江西会馆

1）四川

四川的会馆设置特点在于，往往置于县和场镇处，甚至不少场镇处的会馆数量超过县城，规模较小，许多都是由移民建设的地方祭祀神庙改用而来，和祭祀神庙往往同构，从神庙转成会馆，其基本的转化率为四分之一左右。❶ 故此，"四乡会馆有往往

---

❶ 吕作燮.论明清时期会馆的性质和作用 [M]// 南京大学历史系明清史研究室，编.中国资本主义萌芽问题论文集.南京：江苏人民出版社，1983：200.

早于州县城内者，会馆密度至高，举国无二"❶。

四川的江西移民神庙和会馆总数量，根据蓝勇统计，为320所，位于湖广会馆之后（477所），排名第二。川中地区江西会馆数量最多，川中也为四川经济贸易最发达地区（表2-10～表2-12）。

四川的江西移民神庙和会馆的总数量统计　　　　　　　　　　表 2-10

地区		数量（所）		统计县
川东		47		18
川中	中	130	71	14
	北		8	5
	南		51	15
川西		108		42
川西边区		35		14
总计		320		108

四川地区江西会馆　　　　　　　　　　表 2-11

城市	县镇	名称1	名称2	地址	时间	备注
重庆 （8所）	市区 （3所）	江西会馆	—	妙莲桥	道光二十九年 （1849年）	重庆，主要的地理特征 为沿长江流域
		江西会馆（旧）	—	东水门内	—	
		江西会馆（新）	—	朝天门	—	
	江津区 （1所）	江西会馆	万寿宫	真武场	—	
	酉阳县 （土家苗族） （1所）	江西会馆	万寿宫	龙潭古镇	—	乾隆三年（1738年）
	大足县 （2所）	江西会馆	万寿宫	县内	—	
		江西会馆/四乡 会馆	万寿宫	双河镇	—	
	永川县 （1所）	江西会馆	万寿宫	治城南街	—	
泸州 （1所）	叙永县 （1所）	江西馆	—	古宋	—	
宜宾 （4所）	市区（2所）	吉安馆	—	东门外	—	
		抚州馆	万寿宫	学院街	—	
	高县（2所）	江西会馆	万寿宫	—	—	
		吉安公所	—	江西会馆旁	—	

❶　何炳棣. 中国会馆史论 [M]. 北京：中华书局，2017：89.

城市	县镇	名称1	名称2	地址	时间	备注
成都 （9所）	市区（3所）	江西会馆	—	成都西郊簇锦桥丝绸市场	乾隆二十七年（1762年）	
		江西会馆	—	成华区龙潭寺	嘉庆八年（1803年）	
		西江公所	—	—	—	
	洛带（1所）	江西会馆	万寿宫	洛带镇	—	
	双流（1所）	江西会馆	—	治城南街	—	
	新都（2所）	江西会馆	—	市内	乾隆十七年（1752年）	
		江西会馆	—	乡间		
	新津县（1所）	江西会馆	万寿宫	—	康熙十年（1671年）建	
	郫县（1所）	江西馆	—	崇宁	雍正四年（1726年）	
都江堰（2所）	崇庆（1所）	江西会馆	萧公庙	—	—	
	大邑（1所）	江西馆	—	—	—	
眉山 （20所）	青神（1所）	江西会馆	萧公庙	—	康熙六十年（1721年）建	
	犍为（18所）	江西会馆	萧公庙/万寿宫	各乡	—	
	井研（1所）	豫章会馆	—	—	乾隆时建	
德阳 （7所）	市区（1所）	江西会馆	万寿宫	城东门外	—	
	什邡（6所）	江西馆	—	—	—	城乡共6所
绵竹 （8所）	市区（1所）	江西馆	—	—	康熙九年（1670年）	
	城外（5所）	江西馆	—	—	—	城外共5所
	罗江（1所）	江西馆	真君庙	—	乾隆三十三年（1768年）建	
	中江（1所）	江西会馆	万寿宫	—	—	赣人公建
绵阳 （2所）	安县（1所）	江西会馆				
	江油（1所）	江西会馆	—	—	—	①"涪江江面甚阔，难造矼梁，故秦、豫、楚各会馆，胥休渡船便民。" ②江西会馆，成立了专门的扶贫救济的"丰益社"
资阳（1所）	市区（1所）	江西会馆	万寿宫/萧公庙	—	—	
内江 （3所）	资中（1所）	五省会馆（含江西）				"三圣宫为五省会馆，米粮交易集中地"

续表

城市	县镇	名称 1	名称 2	地址	时间	备注
内江 （3 所）	内江（1 所）	江西会馆	万寿宫 / 萧公庙	—	—	
	威远县 （1 所）	六省会馆 （含江西）	—	—	—	
自贡 （2 所）	荣县（1 所）	江西会馆	萧公庙	—	—	
	富顺（1 所）	江西会馆	—	—	创自前明，道光 年间增修	
达州 （4 所）	达县（1 所）	江西会馆	万寿宫	—	—	
	万源（1 所）	江西会馆	万寿宫	北门内	—	
	宣汉（1 所）	江西会馆	万寿宫	城隍庙左侧	—	
	大竹（1 所）	五省公馆 （含江西）	—	—	清末光绪年间	
崇州 （＞20 所）		江西会馆	萧公庙 / 万寿宫	—	—	各乡皆有
广安 （1 所）	邻水（1 所）	江西会馆		—	—	
南充 （3 所）	市区（2 所）	临江公所		—	—	
		江西会馆	洪都祠	—	—	
	蓬安县 （1 所）	江西会馆	万寿宫	周口镇	明嘉靖年间	俯瞰嘉陵江
乐山 （2 所）	井研（1 所）	豫章会馆	—		乾隆时建	
	峨边（1 所）	三省会馆 （含江西）	—			"即楚、蜀、赣三省会 馆。"——《峨边县志》
雅安 （2 所）	市区（1 所）	江西会馆	萧公庙 / 万寿宫	—	咸丰时毁，后重 建	
	荣经（1 所）	江西会馆	—	—	康熙四十三年建 （1704 年）建	
阿坝藏 族羌族 自治州 （2 所）	松潘（1 所）	江西馆	—	东北隅营盘街西	—	
	茂县（1 所）	江西馆			乾隆四十年 （1775 年）	
凉山彝 族自治 州 （＞35 所）	西昌（＞30 所）	江西会馆	万寿宫	各乡县	—	大于 30 所
	冕宁（1 所）	江西会馆	万寿宫	—	—	
	会理（5 所）	临江会馆	仁寿宫	—	—	
		庐陵会馆	文公祠	—	—	
		吉州会馆	武侯祠	—	—	
		泰和会馆	观音阁	—	—	
		安福馆	—	—	—	

四川地区江西会馆数量统计　　　　　　　　　　　　　　表 2-12

序号	地区	数量（所）
1	重庆	8
2	泸州	1
3	宜宾	4
4	成都	9
5	都江堰	2
6	眉山	20
7	德阳	7
8	绵竹	8
9	绵阳	2
10	资阳	1
11	内江	3
12	自贡	2
13	达州	4
14	崇州	＞ 20
15	广安	1
16	南充	3
17	乐山	2
18	雅安	2
19	阿坝藏族羌族自治州	2
20	凉山彝族自治州	＞ 36
总计		＞ 136

可知，庙宇和会馆之间的转化率约为四分之一到三分之一，空间分布如图 2-8 所示。

2）贵州

明清两朝，江西进入贵州的移民，在总移民数量上第一，而且进入时间较早，逐渐成为当地土著，但仍保留原乡之习俗。为了把控市场，也建立了同乡／同行关系的会馆。此类会馆设立于水陆交通枢纽之处，建筑规模宏大，但从会馆性质上来看更倾向于原乡性移民神庙。

贵州江西会馆设立和商业、采矿业以及川盐入黔三件事相关。贵州矿业发达，大量江西移民进入贵州采矿，如开州"江右之民麇聚而收其利"。贵州缺盐，情况与江西省相仿，元代，贵州食川盐，川盐入黔，有"永、仁、綦、涪"四大运道。綦岸运道的线路为桐梓和江津，沿线会因盐业而兴建多个盐业会馆。

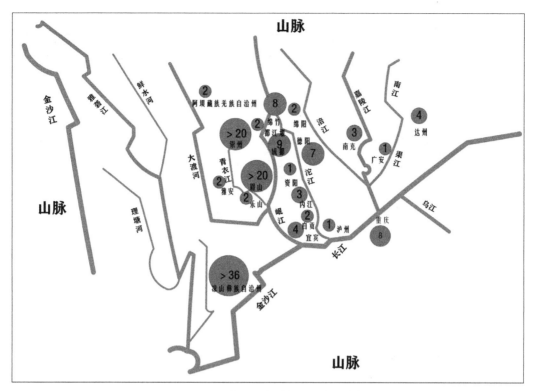

图 2-8　四川省江西会馆空间分布示意简图

　　贵州会馆集中于省府贵阳地区和少数民族聚集的山区。其重要的建设推动者为来贵州做官的江西籍官员。由于贵州地处偏远，中央教化较为重要，故湘西籍官员在各县城都会借鉴士绅会馆形式建立会馆，主要是借鉴传统地缘形式对贵州地方进行控制（表 2-13、表 2-14、图 2-9）。

贵州省江西会馆　　表 2-13

城市	县镇	名称1	名称2	地址	时间	备注
贵阳 （13 所）	市区 （2 所）	江西会馆	旌阳祠	城北隅	清康熙十九年（1680 年）建	
		江西会馆	—	首善里	—	
	青岩镇 （1 所）	江西会馆	万寿宫	青岩镇西街 3 号	清乾隆四十三年（1778 年） 建，道光十三年（1833 年） 重修	
	清镇 （1 所）	江西会馆	—	文昌街	清乾隆十二年（1747 年）建	
	孟关堡 （1 所）	江西会馆	—	—	—	
	广顺 （1 所）	江西会馆	—	—	—	
	鸡场枝 （1 所）	江西会馆	—	威远	—	

续表

城市	县镇	名称1	名称2	地址	时间	备注
贵阳 （13所）	长寨城 （1所）	江西会馆	—	城北门内	—	
	开州 （1所）	江西会馆	—	城东	清乾隆二十二年（1757年）	
	修文城 （2所）	江西会馆	—	江西街	清乾隆四十三年（1778年）	
		江西会馆	—	修文城北八十里白岩厂	清乾隆二十五年（1760年）	
	社佐城 （1所）	江西会馆	—	—	—	
	息烽县 （1所）	江西会馆	—	—	—	
安顺 （2所）	府城 （1所）	—	万寿宫	—	—	
	普定县 （1所）	江西庙	—	—	—	
遵义 （2所）	赤水 （1所）	江西会馆	万寿宫	—	—	
	绥阳县 （1所）	江西会馆	万寿宫	—	—	7
铜仁 （6所）	市区 （1所）	江西会馆	—	城西门	—	
	松涛 （1所）	江西会馆	万寿宫	孟溪镇	清	
	思南 （1所）	江西会馆 / 豫章会馆	万寿宫	思塘镇	明正德五年（1510年）建，清嘉庆六年（1801年）更名为万寿宫	和川盐入黔有关
	石阡 （1所）	江西会馆 / 豫章合省会馆	万寿宫	县城北门外	明万历十六年（1588年）建，清顺治十四年（1657年）重建，雍正十三年（1735年）重修，乾隆三十二年（1767年）重修	清乾隆三十二年（1767年），江西南昌、抚州、临江、瑞州、吉安五府民众改建
	德江 （2所）	江西会馆	—	—	—	
		抚州会馆	—	—	—	
六盘水 （1所）	六枝 （1所）	江西会馆	万寿宫	—	—	
赤水 （1所）	复兴 （1所）	江西会馆	万寿宫	—	建于清道光十二年（1832年），宣统二年（1910年）重建	川盐入黔与盐有关的江西会馆
毕节 （2所）	金沙县 （1所）	江西会馆	—	清池镇	—	清池，川盐入黔干道上重要驿站。与盐有关

续表

城市	县镇	名称 1	名称 2	地址	时间	备注
毕节 （2 所）	大方县 （大顶线） （1 所）	江西会馆	—	—	—	
黔东南 苗族侗 族自治 州 （6 所）	镇远 （1 所）	江西会馆	—	—	—	镇远，黔头楚尾，沅 江上游
	麻江 （1 所）	江西会馆	万寿宫		清乾隆年间建	
	台江 （1 所）	江西会馆	—	—	—	
	黎平 （1 所）	江西会馆	—	—	—	
	贵定 （1 所）	江西会馆	—	沿山龙场	—	
	凯里 （1 所）	江西会馆	—	老街中段	明万历三十五年（1607 年）	
黔南布 依族苗 族自治 州 （3 所）	龙里 （1 所）	江西会馆	万寿宫	城东门	—	
	独山 （1 所）	抚州会馆	昭武馆	—	—	
	黄平 （1 所）	江西临江府 会馆	仁寿宫	—	—	
黔西南 布依族 苗族自 治州 （4 所）	晴隆 （1 所）	江西会馆	萧公庙	萧公庙左侧	—	
	安龙 （1 所）	江西会馆	万寿宫	城北	—	
	兴义 （1 所）	抚州会馆	铁柱宫	—	清康熙年间建	
	普安 （1 所）	江西会馆	—	—	明万历年间建	

贵州江西会馆数量统计表　　　　　　　　　　表 2-14

序号	地区	数量（所）
1	贵阳	13
2	安顺	2
3	遵义	2
4	铜仁	6
5	六盘水	1
6	赤水	1
7	毕节	2
8	黔东南苗族侗族自治州	6

续表

序号	地区	数量（所）
9	黔南布依族苗族自治州	3
10	黔西南布依族苗族自治州	4
总计		40

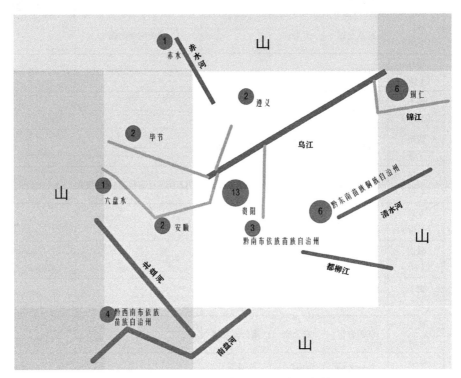

图2-9 贵州省江西会馆空间分布示意简图

3）云南

江西移民进入云南，主要为工商业移民。工商业之中又以采矿业为主，其移民会馆主要集中于云南省府昆明附近，以及矿业资源城市周边（表2-15、表2-16、图2-10）。

云南省江西会馆   表2-15

城市	县镇	名称1	名称2	地址	时间	备注
昆明 （2所）	市区 （1所）	吉安会馆	—	云南府，三合营 19号	—	
	昆明县 （1所）	豫章会馆	萧公祠/万寿宫	—	—	《道光昆明县志》："太平桥左曰萧公祠，一名万寿宫，又名豫章会馆。"
昭通 （1所）	—	江西会馆	万寿宫	怀远街	—	

城市	县镇	名称1	名称2	地址	时间	备注
曲靖 （8所）	会泽 （5所）	江西会馆	万寿宫	江西街中段	清康熙 五十年 （1711年）	
		豫章会馆	江西庙小戏台	二道巷北侧，与江 西会馆相邻	—	室内剧场
		临江会馆	药王庙	西与武庙毗邻，现 为中医院	清乾隆 四十七年 （1782年）	祭祀行业祖师爷孙思邈。 地方神祇为清江县水神 肖宴二公
		吉安会馆	二忠祠	武庙对门	清乾隆初	
		清江会馆	仁寿宫/萧公祠	东内街米市街对门 火巷内	—	
	宣威 （3所）	江右会馆	—	水月殿东	—	
		江右会馆	—	上土目	—	
		江右会馆	—	阿角村	—	
楚雄 （1所）	姚安 （1所）	江西会馆	萧公庙	城南		
红河 （5所）	个旧 （1所）	江西会馆	万寿宫	—	—	
	蒙自 （4所）	吉安会馆	万寿宫	城南门内	—	
		吉安会馆	—	鸡街	—	
		南昌会馆	—	西门外	—	
		临江会馆	仁寿宫	西门外	—	
文山 （2所）	文山县 （1所）	吉安会馆	—	万寿宫东侧	—	
	富宁县 （1所）	江西会馆	—	剥隘临江路街头	清嘉庆年 间重修	
新平 （1所）	—	江西会馆	—	县城东关	—	
保山 （1所）	保山 （1所）	江西会馆	萧公祠/万寿宫	—	—	
顺宁 （1所）	—	江西会馆	—	—	—	
大理 （1所）	—	江西会馆	—	—	—	

云南省江西会馆数量统计表　　　　　　　　　　　表2-16

序号	地区	数量（所）
1	昆明	2
2	昭通	1
3	曲靖	8

续表

序号	地区	数量（所）
4	楚雄	1
5	红河	5
6	文山	2
7	保山	1
8	顺宁	1
9	大理	1
总计		22

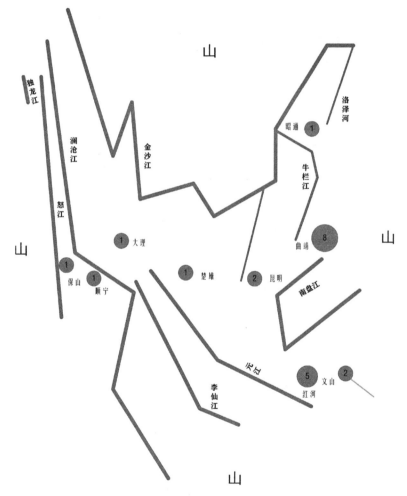

图 2-10　云南省江西会馆空间分布示意简图

4）广西

进入广西的移民，主要以湖广、江西、山东、南直隶几省为主。在明代时期开始大为增长，主要人员一为大范围到任的政府官员，二为戍边的兵士（此为外来移民主体），三为谪流人士，四为自发流移的移民。

江西人进入广西有两条线路，一条为从广东沿珠江水系进入广西，中心城镇为桂林；另一条为进入湖南湘江，通过湘江进入广西，中心城镇为南宁。广西也是江西人进入西南的重要交通枢纽和停留之处。其中，桂林为江西会馆的重要建设城镇。江西人进入广西主要为经商和开矿（表 2-17、表 2-18、图 2-11）。

广西江西会馆　　　　　　　　　　　　　　　　表 2-17

城市	县镇	名称1	名称2	地址	时间	备注
桂林 （26所）	市区 （4所）	江西会馆	—	定桂门外	—	
		江西会馆	—	榕树楼外	—	
		江西会馆	—	文昌门外	—	
		抚州会馆	—	—	清乾隆年间	
	临桂县 （1所）	江西会馆		六塘街	—	
	灵川县 （2所）	江西会馆		大圩街		
				潭下街	清咸丰年间	
	全州县 （11所）	江西会馆	—	县城	—	
			—	黄沙河	—	
			—	界首	—	
			—	庙头	—	
			—	柳浦	—	
			—	建安司	—	
			—	—	—	其他 （5所）
	兴安县 （1所）	江西会馆	—	—	清初	
	阳朔县 （1所）	江西会馆	—	—	清光绪三十一年（1905年）	
	恭城县 （1所）	江西会馆	—	—	—	
	荔浦县 （1所）	江西会馆	—	—	—	
	平乐县 （1所）	江西会馆	—	城厢大街	—	
	灌阳县 （2所）	江西会馆	—	—	清光绪年间	
		江西会馆	—	文市	清嘉庆十三年（1808年）	

城市	县镇	名称1	名称2	地址	时间	备注
柳州 （5所）	市区 （2所）	庐陵会馆	—	现广西柳州旧学院衙门左	清乾隆五十五年（1790年）	
		江西会馆	—	柳侯祠西南侧	清光绪年间	
	鹿寨县 （1所）	江西会馆	—	中渡圩	—	
	三江县 （1所）	江西会馆	—	古宜圩	—	
	融安县 （1所）	江西会馆	—	—	清同治九年（1870年）	
河池 （3所）	金城江 （1所）	江西会馆	—	—	民国	
	南丹县 （1所）	江西会馆	—	—	民国	
	宜山县 （1所）	江西会馆	—	现宜山实验小学	—	
百色 （2所）	市区 （1所）	江西会馆	—	—	—	
	德保县 （1所）	江西会馆	—	保定门前东门圩	清道光年间	
梧州 （1所）	—	抚州会馆	—	—	清乾隆年间	
南宁 （2所）	市区 （2所）	江西会馆	—	南宁沙街	—	
		豫章会馆	—	仓西门	清宣统二年（1910年）	

广西江西会馆数量统计　　　　　　　　　表2-18

序号	地区	数量（所）
1	桂林	26
2	柳州	5
3	河池	3
4	百色	2
5	梧州	1
6	南宁	2
总计		39

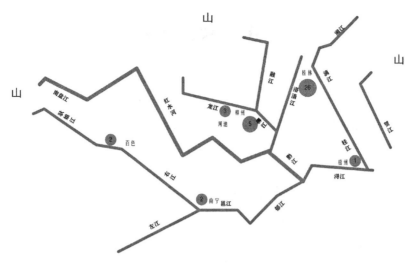

图 2-11　广西江西会馆空间分布示意简图

从以上西南各省江西会馆的空间分布可知，主要沿水路交通干线而设置，在中心富饶地区会扩散到周边农业资源和矿业资源皆较为富饶的山区。

2.3.5　通商口岸

2.3.5.1　通商口岸

1842 年，鸦片战争后，西方打开中国门户，沿海岸线、中国内陆大江大河、重要交通陆路、边陲地区设立通商口岸，标志着西方政治、经济、文化对于中国的全部入侵。通商口岸前后共设立 110 个，遍布中国全境。

通商口岸对于会馆建设为双刃剑，一方面打击了传统会馆建筑类型的建设，另一方面促进了传统会馆向西方现代的工商行业式的公所建筑类型转化。但整体上对于代表中国本地商帮的工商会馆起到了负面作用。

2.3.5.2　通商口岸的江西会馆

在通商口岸的江西会馆，有新建会馆和在原有会馆基础修复或重建两种类别。

在通商口岸，新建的江西会馆，其数量稀少，以上海江西会馆为代表。上海江西会馆位于上海南市区董家渡妙桥塸，道光二十一年（1841 年）筹建。由任上海县官员的江西籍官员倡建，商人参与，历时九年建成大殿，后不断并购别处房产（作为客房）和义园。房产区形成豫章里，义园成为豫章义园。会馆本身不断重修，后建戏台、文昌庙和财神庙。

通商口岸，重建和扩建的江西会馆较多。

2.4　本章小结

明清会馆建筑作为一种具有强烈历史阶段性特征的建筑类型，是在明清政治经济文化发展、交通网络系统完善畅通、士农工商流动人口增加的时代背景下产生建造的，具有建筑使用对象特定、场所固定、选址特定性的特征。

明清会馆建筑演变分为渊源期、早期、中期、晚期、末期五个时期。在渊源期产生，早期会馆建筑定型，中期和晚期发展变化，末期消亡。明清江西会馆在全国历史发展分期的背景下，其自身发展也可以分为早期、中早期、中晚期、晚期和末期五个时期，早期定型，中期发展，末期消亡。明清江西会馆早期的代表性实例为北京浮梁和南昌士绅型会馆的建立，中早期主要的发展在北京和东部传统经济发达地区；中晚期江西各种建筑类型均全面性地发展，新特点是在西南地区的移民会馆大力发展；晚期，江西会馆的建设遍布全国，新建较少，在全国以重建或修复较多；在末期，伴随着江西本土地区实力的衰微，外乡的江西会馆逐渐被转用，走向消亡。

明清会馆在全国除东北和西藏地区之外，都有较多数量的分布。明清会馆的空间分布格局主要沿明清时期重要的交通和物质文化线路而设，如漕运、盐运、移民干道等。空间分布的规律特征为北京士绅型会馆数量密集；沿长江—京杭运河沿线的重要城镇（水次关和钞关）分布密集，该交通干道沿线辐射的东部传统经济发达地区的城市重镇皆有会馆设立，特点为大而重点设立；在西南移民地区，会馆的空间分布沿着移民线路和商路展开，同时深入到各乡场镇，会馆分布特点为小而密集；在西北边疆，主要为省府和边疆贸易之处设置有会馆；在通商口岸，会馆的设立亦较为密集。在整体会馆的空间分布背景下，明清江西会馆分布的基本规律为蝶形分布，动势为"北上、西进、东推"，北上沿线和西进为江西会馆建设的强势主轴，为蝶形两翼，而东部相邻地区为传统贸易地区，亦有江西会馆建设；其沿线划分可以分为长江—大运河南北沿线区域、东部传统工商业发达城镇、西南移民城镇和通商口岸四大部分。

第3章

明清江西会馆的原乡原型

　　本章主要论述江西会馆的原乡原型，区分为
A、B两个原型，即普遍原型和祠庙原型。从历史学
和类型学两个角度，对两种类型会馆的产生原理、
构成以及对他乡类型的映射关联予以阐述分析。

引　论

要研究江西会馆的建筑类型，必须先研究江西会馆的原型。明清会馆建筑的原型是什么？原型为何意，其组成是唯一的，还是成一个原型系统？这个原型系统是如何构成的，彼此之间的关系是怎么样的？明清会馆的建筑原型和明清江西会馆的建筑原型有何不同，如果相同，具有哪些共同的特征；如果不同，会馆原型和江西会馆原型又是如何联系在一起的，它们分别是什么，具体的形制布局是怎样的？

下文将对以上问题进行具体的论述和解析。

3.1　基本原理

3.1.1　原型

3.1.1.1　"原型"构词

"原型"一词最早来源于希腊文词汇"Archetypos"，希腊文 arche（原初）和 typo（形式）的组合，指的是原始模式，可见最早是强调原始的发源。西方古典希腊文化中的神话传统，原型往往指的是希腊古典神话中的神话模式，并伴随西方古典文化不断发展。

"原型"的英文词为"Archetype"，形式基本类同于希腊语。根据该词的词缀和词根可以将词分解为 arch+e+type。作为词缀 arch 的含义来自词根 arch，arch 的名词即为建筑的拱或者拱形结构，结合西方建筑砖石结构主体的建筑发展历史，可知拱在西方古典建筑结构中的主导性和首要的作用，故词缀"arch"即为首要的、主导的意思；"type"即为类型。因此"原型"在英文语境的含义中即为首要、主导的类型。

故此，可知道原型在西方古典文化词语里具有两层意思，一为最原初发源的类型，即强调类型的时间零点；二为一直隐含的典型结构，是一种长时间的历史经验积淀，没有时间限定，具有超越时空的普遍性和永恒性。

3.1.1.2　荣格的原型理论

建筑类型学中所指"原型"受心理学大师荣格原型理论影响深远。根据荣格理论，人类和社会集体的意识分为有意识和无意识，而原型是集体无意识到具体事务之间的过渡结构，其结构模型为集体无意识—原型—具体表象（集体有意识）。

1. 集体无意识

荣格认为集体无意识是人类历代先祖积累的经验，先于个体出生之前。早期，荣格认为"本能和原型同时出自于无意识"。本能侧重于生物性的直接反应和行为，而原型则为心理精神层面。集体无意识包括人类集群在历史长河中的宗教、艺术和神话，使得某个地方的个人具备大致类似的思想和行为方式，同时个人的无意识则以集体无意识为基础建构。这导致荣格对于人类历史文化中的原始宗教神话尤其重视，因为以此可以反推出人类的集体无意识。荣格认为集体无意识超越时间，具有某种永恒性。

但集体无意识既然是"无意识"就很难被人类所认知、理解，故此从"无意识"到可以被看见的"具体表象"（有意识）就需要一个中间过渡的中介，此中介即为"原型"。

2. 原型

什么是原型？荣格的原型是一种宇宙秩序、图示、架构、心理痕迹、潜能倾向的内在形式。具有中介性和双重性、永恒性和普遍性的特征，其具体特性解析如下。

1）原型的中介性和双重性

原型的基本特征就是中介性。中介性的提出首先来源于西方哲学家柏拉图和康德。荣格在两位哲学大师对于中介性的启发下，将哲学领域的中介性概念引入到心理学领域研究，在心理学领域提出了"原型"的概念。

柏拉图的理式中绝对抽象的概念，不可视，而若要抽象概念可视，则数理之中的数和几何图形是具体显现。康德的范畴概念基于人类心理层面中的意识认识论，将范畴分为三个层次，即范畴—架构—事物，而架构作为中介，既具备概念的抽象性又具备事物的具体性，其显示为几何图形或属性结构图/简略图。

荣格在二者基础上认为中介性的"原型"是产生概念的先兆，是"产生同样想象和观念的倾向"，是"大脑遗传的先天心理模式"。中介的原型具备抽象和具体双重性质，内容和形式、理性和感性、思维和情感的双重特征。

中介的原型是隐和显的分界线，原型无法再往前推导，否则就堕入不可见的无意识混沌黑暗中。原型的显现亦有深有浅，有的易显，有的不易显，故此根据显现的难易程度可分为"意义原型"和"生活本身原型"。而深层意义的表达方式最多是通过隐喻和象征，象征包括自然象征和文化象征。原型的文化象征体现文化之中的"永恒真理"，象征的外显的方式常常体现为神话和仪式（表3-1）。

西方原型相关理论的层级

表3-1

学科 \ 理论层级	抽象（不可见）		中介（一定可见）	具象（可见）
神学		神（上帝形象）	原型	
哲学	柏拉图：理式观念	绝对理式（善美）	个别事物理式（三角形、图、数理）	个别事物
	康德	概念	构架（图形或者简略图）	事物

学科 ＼ 理论层级		抽象（不可见）	中介（一定可见）	具象（可见）
心理学	荣格	集体无意识	原型（宇宙秩序、图示、架构、心理痕迹、潜能倾向）	具体表象

2）原型的普遍性和永恒性

荣格的原型包括：出生原型、再生原型、死亡原型、智者原型、英雄原型、母亲原型、自然物原型、人造物原型等。

原型的普遍性体现在某种意象"反复出现"，并且往往和地理族群的历史文化无关。

原型又具备母题之特征，并不局限于"过去"，而是和当下同在，蕴含于具象中，无时无刻不和某个具象共同生长，呈现出千变万化的类型。

原型并不如柏拉图或者康德的认识学概念基于有意识层面是静止、封闭、固定不变的，而是不完整和变动的。"人生中有多少典型情境，就有多少原型，这些经验由于不断重复而被深深地镂刻在我们的心理结构之中。这种镂刻，不是以充满内容的意象形式，而是最初作为没有内容的形式，它所代表的不过是某种类型的知觉和行为的可能性而已。"❶原型是过去，是人类过去的永恒循环。原型是人类幻觉、情感、思维、直觉等的一切心理活动。

阿尔多·罗西根据原型的普遍性和永恒性特征，提出了建筑的"历时性"和"共时性"的观念。

3. 原型意象

在荣格的原型理论体系中，和"原型"基本等同的另一个词语是"原型意象"。原型意象，英文为 archetypal images。"原型意象"从某种层面上来说，就是深层"原型"的可感知、可视觉化。荣格认为在心理学无意识领域里，人类不是生活在一个物质世界里，而是生活在一个心理世界中，任何成型的原型，都是适当的场景所激发出来的原始意象。原型和与之相应的客观场景（情境）相遇，互相激发，成为原型意象，意义原型才能被感知。

可见在该理论中，"原型"和"情境"促进了原型意象的产生。这个理论对后来的建筑场所学和建筑类型学产生了深远的影响。而原型意象更容易和建筑学科发生关联。

意象同样是一个心理学术语，指："在知觉的基础上所形成的感性形象，感知过的事物在脑中重现的形象叫记忆表象，由记忆表象或现有知觉形象改造成的新形象叫想象"❷，即知觉意象、记忆意象和想象意象，而原型意象是三者的综合。

---

❶ 霍尔，诺德拜，著. 荣格心理学入门 [M]. 冯川，译. 北京：生活·读书·新知三联书店，1987：48.

❷ 辞海 [S]. 上海：上海辞书出版社，1980：1220.

4. 具体表象

荣格所指的具体表象指心理学领域，人类集体社会的反应和行为方式。

由上可知，荣格的"原型"相关概念理论总结如图 3-1 所示。

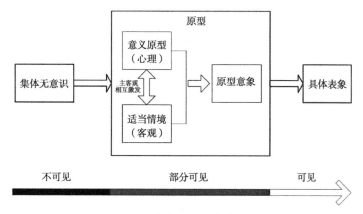

图 3-1　荣格原型概念转变图

3.1.2　建筑原型

3.1.2.1　从荣格的原型意象到建筑原型

荣格心理学领域的原型理论，如何借鉴转用到其他学科领域？

鉴于荣格原型理论的结构模型是集体无意识—原型—（原型意象）—具体表象，首先要明确的是在不同学科，这三层关系分别指代什么，以及具有哪些所指。集体无意识是不分学科的，是人类集体历史、社会、文化经验的集体沉淀。而具体表象在不同的学科中载体和显现却各有不同，如针对西方的五大艺术，文学中是文字语言，雕塑和绘画往往是体块和图形，舞蹈是姿体，而建筑则为房屋空间。由于原型具有中介的双重性质，即抽象和具象兼备，文学的主要作用是表达人类的情感和思考，注重意义，故此在文学中，意义原型最后反推至神话，因为神话之前再无人类的集体意识可显，而神话之后千变万化的故事，都是以其为主题进行变化。在视觉艺术的雕塑和绘画中，原型为简略的图示或某种经典宗教神话主题。在形体术的舞蹈中，原型可以推导至原始的祭祀礼仪。而建筑本身具有实体物质性和文化性，从荣格的原型理论来看，建筑原型更多的是一种"原型意象"的呈现，意义原型和适当的情景相互作用，即意义＋场景，形成原型意象。

3.1.2.2　建筑类型学中的建筑原型

建筑类型学中的原型分为两种，一种为某种类别建筑物的起源；另一种为某种类别建筑物的普遍性结构。

1.起源原型

18世纪的欧洲，建筑界回归到自然界本身的思潮兴起，自然成为建筑原型的起源。该时期洛杰尔提出所有的建筑起源为原始的茅屋，强调原始茅屋原型作为遮蔽物的特征。但纯粹作为遮蔽物的建筑原型显然没有考虑人类群体对于意义和象征的精神性内在追求，于是对应于遮蔽物，出现了另一种原型，即神庙原型（神话＋场景）。

对于一些综合性的公共建筑物原型（起源）包括遮蔽物（世俗性）和神庙（神圣性）两个部分。

2.普遍性结构原型

后期，学者将二者结合，即亚当模式（个体）对应于上帝模式（普遍），同时考虑到原型遮蔽物世俗性特点和宗教神圣性特点。但这个原型是所有建筑的原型，范围太大，需要进一步的分类和细化。于是其分类的原则加上了特殊性的辨识特征，1749年，布朗道尔写道："不同种类的建筑生产都应该具有每座建筑特殊意向的印记"，特殊意向的印记即为典型特征，从原型过渡到具体的建筑类型。

故此，可知一种类别的建筑原型必须具备三个特征：遮蔽物（房屋／场所）、宗教神庙意义（神话／意义）和建筑的特殊意向（典型特征）。

3.1.3　构成体系

对应于建筑原型的两种类别，明清会馆的原型可分为起源型原型（有时间限定）和普遍结构（无时间限定）两个类别；明清江西会馆的原型为普遍结构原型，即原乡建筑之中的神庙（祠庙）原型，具有建筑物、宗教祭祀意义和建筑本身的典型特征。

会馆的起源原型为儒家祠庙（神圣）、书院（世俗公共）、馆驿（世俗居住）三种建筑类型，此三种起源原型各特征融合，形成会馆的普遍性结构原型。此三种原型为依据时间而确定。在会馆的普遍性结构原型的基础上，江西原乡建筑文化特征融入，江西会馆的祠庙原型凸显。具体如图3-2所示，即形成了起源原型、普遍结构原型和江西会馆祠庙原型三个种类。

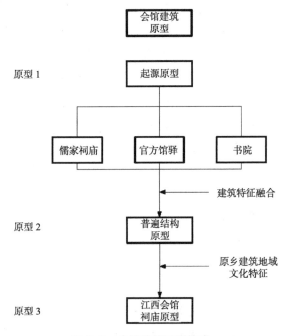

图 3-2　会馆建筑原型构成

3.2　起源

3.2.1　名称起源

"会馆"一词最早出现于宋代,清道光年间所著《乌石山志》中记载,"在山东北。宋明道初,沈邈,字子山,弋阳人,为侯官令,得释迦院东北隅地作台,曰:'峻青',后十年为郡守,寺僧请以台作亭,名曰'幽幽',蔡襄书之,旋圮,景定末(宋理宗时期),建海滨四先生会馆于此"。此会馆建造的目的,是为了纪念南宋理学之乡海滨的四大理学大家——陈襄、周希孟、陈烈、郑穆,属于儒家先贤祭祀类别。

从南宋至明三四百年中,祭祀功能一直是会馆的主导,在清道光年间(1826 年)的《山阴会稽两邑会馆记》中有明确记载,"吾越之有会馆,最初曰嵇山,仅酿祭为社耳。拓而为绍郡乡祠,乃始可以馆士"。在更早明人刘侗所著的《帝京景物略》中提到的"嵇山会馆"主要因其放置唐大士像(唐尉迟敬德像)而成为京师名胜,"都中之古像二。优阗王造旃檀像,自周,二千六百一十余年至今。尉迟敬德造观音像,自唐贞观,一千一十二年至今……旧供宣武门外晋阳庵,庵废,内侍朱移像受水塘,创古佛庵供之。庵今又废,像复移置嵇山会馆也"❶。可见此会馆最初的主要建筑功能是祭祀,而后再转入馆士。由上可见,会馆和祠庙建筑渊源颇深,而祭祀成为会馆建筑的核心功能。

3.2.2　渊源体系

会馆建筑的起源原型和祠庙、书院、馆驿、寓所等中国传统建筑类型均有深切渊源,会馆兴起之缘由为因"祀"而会和因"试"而会,在发展过程中,融合了几大建筑的功能、样式、特征,脱胎形成独特的建筑类型。

3.2.2.1　儒家祠庙

在渊源期,同为祭祀之场所,祠庙和会馆的区别,在于其性质的官方和民间之区别。民间私祭先贤名臣,许多因未入国家祀典,清之前受到国家法律严格限制,故不能称为"祠庙",只能用"会馆"代替。会馆中儒家祭祀建筑的渊源,体现在祭祀人群、祭祀对象、祭祀仪式、祭祀场所的形制布局方式都是儒家方式。祭祀人群为儒家士绅公车,祭祀对象为儒家先贤名人,祭祀礼仪为儒家祭礼,祭祀场所为儒家祠祀的三间堂和一

---

❶ (明)刘侗,于奕正,著.帝京景物略 [M].上海:上海古籍出版社,2001:267.

间堂布局，其基本格局参照朱子家礼中所定的祠堂制度，其具体的例子可参照北京江西会馆中宋文丞相祠到吉安会馆的变迁。

1. 儒家祠庙祭祀观念

古制，成群必立社，立社必祭祀。祭祀在中国古代社会分为佛道儒三家祭祀。佛道类同，建筑场所为寺观庙宇，而儒家室内祭祀方式主要为祠庙祭祀，祭祀场所、祭祀对象、祭祀仪礼等皆和佛道二家不同。根据中国古代等级制度，皇室贵族祭祀场所为庙，士族和百姓祭祀为祠。何为"祠"？《说文解字》对"祠"的解释是，"春季曰祠。物品少，多文辞也"。明清时期祠堂兴盛于民间，祠祀即庙祭。祠祀在明代进入国家祀典，成为儒家祭祀的总括称呼。

儒家祭祀先人，按血缘分宗族祠庙和名人先贤祠。

名人先贤专祠和宗族祠堂最大的不同，是其祭拜对象不局限于某一个宗族，其祭礼方式、神主的放置排位也有较大不同。会馆建筑中祭祀渊源于儒家名人先贤祠。名人先贤祠具有强烈的地缘性质，地缘集会纪念性的观念和特征，最后通过传递亦体现在会馆祭祀的特点中。

儒家名人先贤祠祭祀，其渊源可追溯至战国时代为墓祭而建的墓祠。墓祠即在坟墓旁边建立的房屋，坟墓旁边"广种松柏，庐舍祠堂""祭祀祖先个人或名人"。墓祠建造没有等级限定，相对于宗庙而言，建筑规模和形制都更为简朴、随意。同时，"祠"祀的方式上古时代较为简单，祭品不用牺牲，用圭璧和皮币，行礼也较为随意，成为先贤祠的原型。在后来的流变中，墓祠形态逐渐演化成在去世之地、有功造福之地建造的名人先贤专祠，和坟墓维持一种较为松散的关系，比如棺椁可能已经迁走，但是祠还在，如下文所论宋文丞相祠。墓祠祭祀的简易性后来直接发展为地方名人先贤祠，被会馆建筑直接继承。

宗族祠庙为血缘性质，由宗庙发展而来。周代宗庙分为皇家太庙、诸侯王庙和大臣家庙（三品以上），庶人不准设庙，只能祭祖于寝。南宋理学大师朱熹撰写《朱子家礼》提倡仿照家庙祭祀形式建立祠堂祭祀，到明代嘉靖允许联宗立祠，祠堂才逐渐达于且昌盛于民间，此即为明清大量建造的宗族祠堂，可以这么说，宗祠即庙祭，而祠堂的基本祭祀方式仿照庙祭。

明代之后宗祠转换为始祖祠，扩大了祭祀祖先的对象，宗族中同姓名人被加入到祭祀队列中，宗祠和地方名人先贤祠的界限开始混合，其祭祀礼仪通过宗祠—先贤祠—会馆的基本模式予以传递，如图3-3所示。

2. 朱子祠堂制度化

祠堂制度中的儒家祭祀概念的具体化即为《朱子家礼》中所记载的朱子祠堂制度。其制度为，"祠堂三间。外为中门。中门外为两阶，皆三级。东曰阼阶，西曰西阶。阶下随地广狭以屋覆之，令家众叙立。又为遗书、衣物、祭器库及神厨于其东，绕以周垣，别为外门，常加局闭"。其三间堂具体布局如图3-4所示。可见基本格局为亭—门—堂—寝制度。会馆在定型发展中，其祭祀部分亦参照此基本模式。

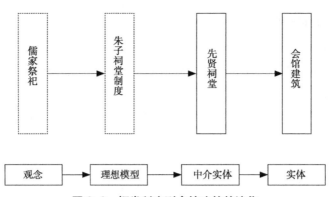

图 3-3　祠堂制度到会馆建筑的演化

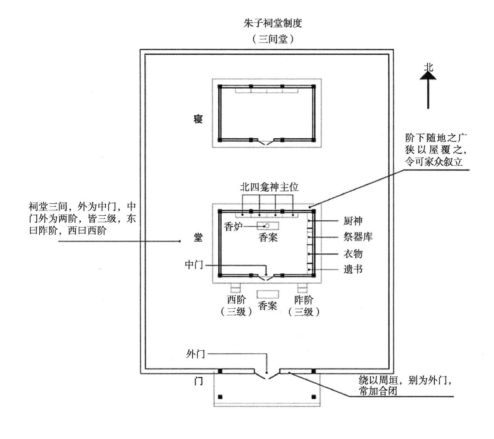

图 3-4　朱子祠堂制度建筑布局图

3. 祠庙和会馆的相互转换

1）从祠到馆

如果说朱子祠堂制度是儒家祠堂制度的纸上理想模式，那么北京宋文丞相祠则是儒家祠堂理想模式具体的实现，而且对于会馆建筑的关键影响在于，宋文丞相祠是从祠堂到会馆祭祀过渡的现存实例。一方面，明中的宋文丞相祠对明末的江西吉安会馆起到了范本作用，江西吉安会馆在祭祀制度、祭祀方式和祭祀场所上都仿照宋文丞相祠进行，也对江西其他地区会馆起到了同样的示范作用；另一方面，明代宋文丞相祠本身开始具有祠堂和会馆祭祀的双重属性，具体体现在早期称为"怀忠会馆"，后称宋文丞相祠，祭祀人群从顺天府官员到籍贯特征明显的江右士大夫同乡集聚。从"会馆"到"祠"，其分界点是基于祭祀是否进入了国家正祀系统。"馆"在于私祭，"祠"在于公祭。根据历史文献❶记载，梳理宋文丞相祠的祭祀—基址变迁，如图 3-5 所示，宋文丞相祠具体的儒家祭祀建筑场所布局如图 3-6 所示。

宋文丞相祠的几个关键建筑历史事件节点，如表 3-2 所示。

北京文丞相祠建造事件 表 3-2

节点	时间	事件	名称	建筑形式	地点
1	宋末元初	文丞相于北京柴市就义	—	—	柴市
2	明初	朝廷在柴市建顺天府学，在府学内祭祀文丞相。元柴市所在地，明改称"教忠坊"	教忠坊	府学里的石刻塑像	顺天府学内
3	明洪武九年（1376 年）	刘崧建祠。庐陵人为祭祀丞相，自此在顺天府学外建立"怀忠会馆"。私祭	怀忠会馆	门堂形式。门两重，堂三间。石刻塑像	顺天府学西（右）
4	明永乐六年（1408 年）	刘履节重新整理国家祀典，宋文丞相入祀典。国家每年春秋两季派遣顺天府官员公祭	宋文丞相祠	同上	顺天府学西（右）
5	明宣德四年（1429 年）	李庸重修祠堂。将文天祥所著文集刻碑于祠内	宋文丞相祠	同上。翻修。刻文集石碑	顺天府学西（右）
6	明万历八年（1580 年）	督学商为正扩建府学，将祠迁至府学之左❷	宋文丞相祠	同上	顺天府学东（左）
7	清道光八年（1828 年）	重修❸	宋文丞相祠	同上	同上
8	清光绪九年（1883 年）	重修❹	宋文丞相祠	同上	同上

❶ 杨士奇 . 文丞相祠重修记 [M]；刘侗 . 帝京景物略 [M]；孙承泽 . 春明梦余录 [M].

❷ 李科友 . 北京文丞相瞻仰记 [J]. 南方文物，1984（1）：78

❸ 光绪顺天府志·卷二十三 [M].

❹ 同上。

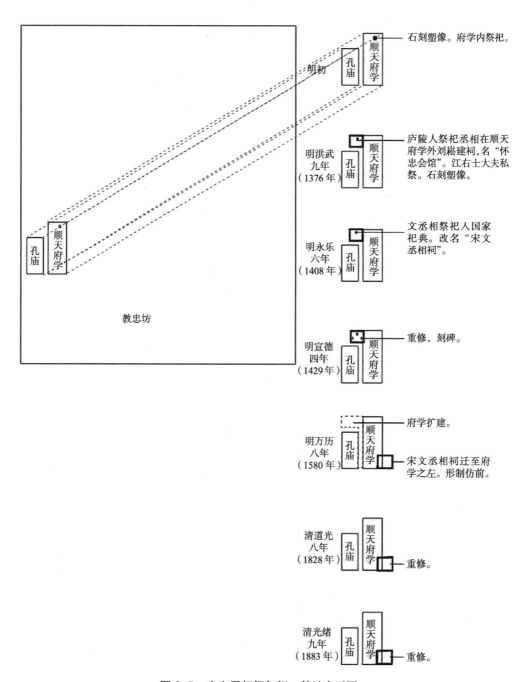

图 3-5 宋文丞相祠祭祀—基址变迁图

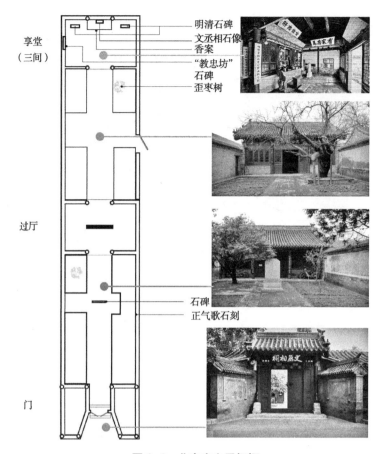

图 3-6　北京宋文丞相祠

（资料来源：平面自绘，照片来源：http://fahl.hanyang.ac.kr/bbs/board.php?bo_table=image_china&wr_id=7434&sca=%EB%8B%A8%EB%AC%98&page=6）

2）从馆到祠

明清嬗代之际，出现的"吉安二忠祠"标志着会馆到乡祠的演变过程，也说明了会馆和祠祀建筑的深刻关联。

吉安会馆最早于晚明太常芹生彭公捐宅为会馆，成为吉安的外馆，作为到京官员公车的流寓，并不用于祭祀。明清变革之际，内城的宋文丞相祠遭到重大损毁，动乱之际祭祀活动却依然延续，吉安士绅祭祀文丞相地点从内城转移到外城的吉安会馆，前堂祭祀文天祥，后堂祭祀明末在此处殉国的李邦华。❶顺治三年（1646年），吉安会馆发生火灾烧毁前堂，李紫涵捐钱修复，并题匾额"吉安二忠祠"，且提升李邦华的祭祀地位，于是在后堂主祀二忠，配祀四公，所谓"国士无双双国士，忠臣不二二忠臣"。❷

---

❶ 《石匮书后集·李邦华列传》记载，"邦华知势危急，与勋臣李国祯各有揭，请太子南迁，固根本。以科臣光时亨参驳，不果行。及城陷帝崩，邦华闻，拜文丞相祠，复返寓，闭门书版曰：'堂堂丈夫，圣贤为徒；忠孝大节，矢死靡他！'遂缢死。"可知李邦华最后的人生轨迹是，死前先去文丞相祠祭拜，随后回到吉安会馆，自缢身亡。

❷ 孙兴亚、李金龙，主编.北京会馆资料集[M].北京：学苑出版社，2007：816.

　　有意思的历史现象是，明代所建的宋文丞相祠，"怀忠会馆"和"宋文丞相祠"有先后顺序，"吉安会馆"和"吉安二忠祠"也有先后顺序。但意义已不同，前者是从祭祀到祭祀，从私祭到官方祀典认同纳入，后者是从住宿到祭祀，接替承续变革之际的吉安士大夫的文丞相祭祀传统，并增添祭祀对象。祠堂和会馆在场所性质上具备天然的对接性是因为，会馆脱胎于祠祀建筑，另外至少在清代之前，这些场所面对的主要群体都是士绅公车，场所祭祀的对象也都限定为儒家先贤忠臣。

　　对比官祭宋丞相祠和私祭二忠祠之异同，可见吉安会馆中私人祭祀方式对于官方祭祀的各项模仿（表 3-3）。

宋丞相祠（官祠）和二忠祠（乡祠）祭祀之对比　　　　　　表 3-3

项目＼名称		宋丞相祠	二忠祠
建造时间		明洪武九年（1376 年）	明末，捐宅而立。 清顺治三年（1647 年）重修，题匾
祭祀定制		明永乐六年（1408 年）	清顺治五年（1649 年）
祭祀地点		房屋全部	局部：会馆中的后堂
祭祀对象		文天祥	文天祥、李邦华
对象特点	身份	官员	官员
	特点	忠节以死事国之臣	忠节以死事国之臣
	影响力	全国	地区
祭祀性质		官祭（国家级）	私祭（地方士绅）
祭祀银两来源		国家祭祀费用	会馆收入
祭祀时间		二月次丁日 八月次丁日	（二月）清明前三日 （十一月）冬至前五日
祭祀前准备	程序	①太常寺先期提请。 ②皇帝遣顺天府堂上官致祭❶	值会（会馆管理人员）提前三日发帖告知内外籍在京官员、举贡、监生
	仪式	降香遣官仪。 "前祀一日清晨，皇帝皮弁服，升奉天殿。捧香者以香授献官。献官捧，由中陛降中道出，至午门外，置龙亭内。仪仗鼓吹，导引至祭所。"❷	无
祭祀	参加人员	顺天府官员： 主祭（1 人）、陪祀若干、执事若干	①在京吉安籍官员。 ②在京吉安籍举贡和监生（太学学生）。 主祭（1 人）、陪祀若干、执事若干
	祭品	一羊、一豕、五果品、一帛	一羊、一豕、果案、钱楮、鼓乐
	仪式	斋浴更衣—上香—奠帛—读祝—三献—望燎—献官祭毕后命严还宫—分胙	上香—烧钱—读祝—三献—望燎—享胙—散胙
祭祀后维护		国家委派的人员	会馆长班

❶　万历顺天府志 [M].
❷　明史·卷四十一 [M].

会馆渊源于祠祀建筑，但在后来的发展中，逐渐明晰其特定功能，从纯粹的祭祀建筑中脱离出来，形成了具备自身特点的建筑类型。

3.2.2.2 书院

明清地方乡试地点在各省省城，在省城所建立的生员备考地点，往往称为试馆，以此和在京师的会馆相区别。但有些地区的，为备科举，将讲学书院亦称为会馆，在科举之风气盛行之地尤多。如明中期的江西吉安地区，每县必设有会馆，而此会馆即为书院，皆具讲学场所的作用，和科举关系密切，在一些地区地方志中放在科举学校一栏。最著名的是明正德年间王学大儒罗洪先的青原会馆、万历年间姚学大儒邹元标的九邑会馆，此处"会馆"的"会"字特指"讲会""会讲"之意。早期讲会会馆与一般书院讲学相比，学术性更强。明中后期的两次废毁书院运动❶，使全国书院建设进入凋敝期，讲会会馆消失。步入清代之后，书院重修或新建进入新一波高潮，会馆和书院互指的现象基本消失。但在一些移民地区，也有将某某书院指代为会馆的遗风，体现移民对于教育的重视，成为外省乡人在异乡的组织机构。

讲会书院中的教育功能过渡为会馆之中的教育功能，教学层级覆盖明清时期的小中高所有层级，或直接指导会馆中的同乡人士参加乡会试的课业，由同乡中举博学鸿儒出题辅导，如清末恽毓鼎中的《澄斋日记》中所记载的，"初四日天竟畅晴，非意料所及。岳母枉过。至荣宝斋定会馆课卷，访管丹云丈，偕一刘把总（名凤藻）到教场五条看屋两所，将为会馆置产……初六日晴雨不定，清晨至会馆，散会课卷，领卷者十八人"，或为明清地方基础教学的场所。清代，地方义学大力发展，成为地方乡村社会教育体系中的重要一支，且设在基层，具有广泛的民间性，会馆原本所拥有的书院讲会功能得以发挥，故在清戴肇辰《从公录》中云："一府义学设立城内，或在祠堂，或在庙宇，或在会馆，按年择地开设。"而到民国之时，会馆庙宇收归充公，大量会馆改建成学堂，也是顺应其本来就有的教学功用。

3.2.2.3 官房馆驿

会馆的建造功用在清人认知中直接服务于京师乡会试，同时服务于科举。会馆和试馆所指有所不同，在省城乡试的叫试馆，在京城会试和乡试的叫会馆。

1.明清官员选拔制度

明代开始实行贡举和科举的官员选拔制度。会试为科举中最重要的环节。会馆会试期间的接待对象主要为各省公车，乡试会试期间主要为国子监贡生和举生。

明代是科举制度实行的鼎盛期，沿袭宋、金、元确立的层级科举考试制度，即童试、乡试、会试和殿试，科举制度的核心为乡试、会试和殿试。童试在郡县，乡试在省会，

---

❶ 邓洪波．中国书院史 [M]．上海：中国出版集团东方出版中心，2004．

而会试和殿试皆在京师，"明制，举人在京应礼部之试者叫会试，乃集中会考之意"❶。同时，在京师举行的乡试相较于他省不同，即允许贡举科举落第的国子监生在京师参考。《大明会典》卷七十七记载，"国初仿古宾兴之制，定以子午卯酉年秋八月，各直省皆试士于乡，中式者贡于礼部。次年春，礼部奏请会试天下贡士"。明清不同时期针对考生的应试和管理政策皆有重大调整，进京应试人数大增，对于京师接待能力提出新要求，在朝官员出于对本乡试子的重视呵护，对早期经历的共情和受恩求报的回馈，提供自宅或集资购买建造新寓所为本乡士子会试期间住所，决定了会馆针对接待特定对象的建筑特点。

2. 官房馆驿的设立

针对官员的选拔和流动，中国古代会提供官方馆驿予以接待。

"官房"，中国古代官房制度即官家提供用房的制度。中国古代的官房制度基本分为以下几类：第一类为皇家宫殿、皇家设施；第二类为居住办公型，如给长期驻扎某地的官员使用，包括官署官邸和兵营，还有为身兼公差短期入住的馆驿；第三类为仓储金银所等。❷ 其中，官房馆驿对于后期会馆的馆宿部分影响深远，为会馆渊源之一。

"馆驿"，馆驿一般设于交通干道旁，为管理道路交通和路人发挥重要作用。馆驿接待面向公差，如传送公文、官员赴任住宿、运送民夫兵丁等。《钦定古今图书集成》中《大学衍义补·邮传之置》中云："遗人掌郊里之委积以待宾客，野鄙之委积以待羁旅。凡宾客会同师役掌其道路之委积。凡国野之道，十里有庐，庐有饮食；三十里有宿，宿有路室，路室有委；五十里有市，市有侯馆，侯馆有积。"❸ 和"馆驿"产生对比的是"旅邸"。同为接待住宿、递送转接功能的建筑，中国古代的"馆驿"属于官方系统，而"旅邸"则为民间系统，接待对象有严格区分，并且有层级之分。明代迁都北京后，北京官员入住官方馆驿的福利制度取消，为解决大量候选和述职官员短期在京住宿问题，在乡缘地缘的观念影响下，会馆逐渐成为官方馆驿的必要补充，进而成为进京官员的主要选择。

会馆和官房馆驿的联系渊源，可以体现在会馆出现同时期的明人认为会馆即是汉代郡国之遗意。"汉时郡国守相置邸长安，唐有进奏院，宋有朝集院，国朝无之，唯私立会馆。"❹ 官房馆驿中的住宿功能直接过渡到会馆中的住宿功能。会馆和中国传统的官房馆驿渊源至深，是官房馆驿演绎的变体，也是官房馆驿的有效补充。

---

❶　龚笃清.明代科举图鉴 [M].长沙：岳麓书社，2007：431.

❷　陈梦雷，蒋廷锡.钦定古今图书集成·第十九卷 [M].武汉：华中科技大学出版社，2008.

❸　同上.

❹　朱国桢.涌幢小品 [M].济南：山东齐鲁出版社，1997.

3.2.3 发展演变

3.2.3.1 脱离独立

会馆建筑从起源原型中逐渐脱离，逐渐融合起源原型中的各项功能，形成具备自身特点的会馆建筑原型。

1. 从祠祀原型中的独立

"会馆"逐渐脱离纯粹祠祀，在《山阴会稽两邑会馆记》中有生动说明，"建馆初以釀祭为重，作歌吹台于前庭，士多厌喧嚣而避处他所，馆日以敝……故函去歌吹之事，而于堂中奉祭邑先儒，使后进有所景仰……皆有名居有若讲院，可以论道课艺，辅德资仁"。会馆早期建造有乡间聚社的意思，随后"避喧嚣"成为会馆接待功能的首要条件。早期官员公车入京倾向性选择会馆，是因为会馆接待功能具有群体针对性强、远离市井喧嚣、环境安静、便于读书备考、收费低廉，同时便于结识本乡官员、交换朝野信息等特点。

2. 从馆驿原型中的独立

"会馆"和其相同点为，接待对象都为士绅，"接士以待国士"；建筑功能类似，"汉代郡国邸之遗意"。不同之处为，经营者从官方转向民间，但管理模式类同，"公私分明，食于官者"。"都中土著在士族工商而外有数种人皆食于官者，日书吏……日长班，有二类：日科分，日会馆，亦子孙相袭。自各部裁书吏，银行代金库，南漕绝迹，科举既停，此辈皆失所，唯会馆之长班犹在。"❶

3.2.3.2 融合定型

会馆建筑的起源类型的融合，主要体现在两个方面，一方面各起源建筑原型的功能被抽取，抽取之后重新融合成具备起源类型功能的普遍结构原型；另一方面起源建筑原型中的祠庙原型被重点外在凸显。

其融合过程如图 3-7 所示。

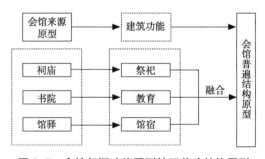

图 3-7　会馆起源功能原型转至普遍结构原型

---

❶ 夏仁虎．旧京琐记 [M]．

3.3　会馆普遍结构（A 型）

3.3.1　建筑功能组成

建筑功能的确定是普遍结构原型确定的最核心标准。建筑功能确定后，功能之间的组合方式，通过普遍结构布局——建筑形制布局予以物化图像化体现。

明清会馆的建筑起源原型为儒家祠堂、讲会书院、官房馆驿三大建筑类型，分别继承了其祭祀、教育和馆宿的三大建筑功能，随着时代的发展，将殡葬和经济功能一起整合进来，形成具备集会（祭祀、教育、娱乐）和馆宿两大建筑功能的新的建筑类型，至此可以确定会馆普遍结构原型中后期功能演化的依据。

3.3.1.1　来自建筑起源原型的建筑功能

儒家祠堂、讲会书院和官房馆驿分别抽取了祭祀、教育和馆宿三大建筑功能。通过功能到功能的过渡转换，会馆的基本建筑功能确定，建筑功能再体现在具体的会馆普遍结构建筑布局上，最后通过改建或建造实体落地，明清早期会馆作为一个新的建筑类型，最终成型。故此，会馆的建筑功能包括集会和馆宿部分两大类。集会功能又可分为祭祀和厅事两部分，一直以来也是学界研究会馆的关注重点。

3.3.1.2　发展过程中增加的建筑功能

1. 殡葬

中国古代社会"入土为安""归葬故里""生者全其生，死者全其死"等丧葬观念严重，但古代交通不便，客死他乡的人士较多。会馆在建立之初，就会设置寄厝以及义园，体现乡谊之情。道光十五年（1835 年）《鄞县会馆碑文》中载："盖闻掩埋为仁政之先，禋祀乃礼典所重。矧夫首善之区，求名利者，莫不云集。其间寿夭不一，通塞攸殊，往有死亡旅次，而灵榇莫能归者，是以建置义园，盖为无力者计。又有濡滞未归，亦需暂为停厝，以避燥湿而蔽风雨，故于义园中添设房舍，为将归者少息之所。"寄厝及义园也是馆产的重要组成部分。对于寄厝和义园的重视程度主要体现在两部分人群的会馆中。一为离北京较远的南方会馆，二为地位低下的传统行业会馆。

殡葬同时拥有祭祀功能，义园墓祭也是会馆的重要祭祀活动。义园祭祀在后期的变迁中常常作为空地被新的建筑所填满，其和会馆的深刻关联在历史的演进中变得隐晦模糊。作为会馆核心功能的义园，以往学界往往将其放入附产一项，一来是因为源于民国时期北京所登记的档案馆史料表格上的定例，二来是没有将其放在中国传统文化整体视野下予以考察。

2. 经济

会馆为了发挥组织机构的作用，需要资金维持。其资金来源主要为房租、官员捐赠，以及会馆的附产（产业）收入，如田亩、沿街户铺等。经济功能在建筑上的体现即为附产，附产对于支持维护会馆运作有重大作用，但和会馆本身更多的是经济衍生联系，故此并非会馆建筑层面的核心功能。

3.3.1.3 明清会馆普遍结构建筑功能的确定

来自建筑起源原型的建筑功能和所增的功能，最后共同成为明清普遍结构原型的基本建筑功能。清中后期会馆建筑功能发展，都是以此为基本而变化发展的，如随着清中后期赏戏活动成为社会大众娱乐主流，会馆娱乐功能上升，普遍结构原型建筑布局中亦对应出现戏台。又如清代统治阶层来自少数民族，祭祀中混祀特征明显，在会馆的祭祀功能中也逐渐从单纯的儒家祭祀转至儒道佛三家混合的祭祀，以及多神圣偶像群祀，普遍结构原型建筑基本布局亦转向佛道寺观形制。从会馆起源原型到普遍结构原型的转变过程如图 3-8 所示。

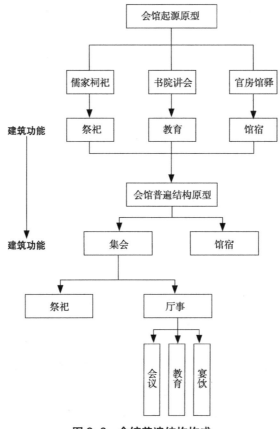

图 3-8 会馆普遍结构构成

建筑功能组成和层级如图 3-9 所示。

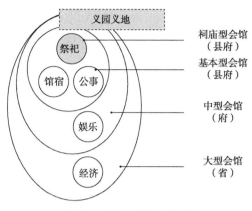

图 3-9 会馆功能气泡层级图

综上所述，明清会馆普遍结构原型基本建筑功能和所对应的建筑房屋如表 3-4
所示。

会馆的建筑功能和对应建筑房屋 表 3-4

建筑组成	建筑功能				建筑用房
馆（生区）	馆宿	住宿			客房
		后勤管理			入口接待、长班住处、厨房等
	集会	厅事	会客、宴集、议事、展示		大厅
			宴乐 （堂会）	观戏	大厅、厢房或庭院
				演戏	戏台、戏楼
			休闲		园林庭院
		祭祀	祭祀		堂房（祠、庙、殿阁、神龛）
			存放神像木主		寝房
葬地（死区）	殡	存	暂时保存停放棺椁		寄厝、殡所
		奠	主持丧礼仪式，岁时祭扫退坐		佛殿、灵堂
	葬				墓地、墓园
附产	维持会馆日常运作				田地
					店铺
					其他

3.3.2　建筑形制布局

会馆普遍结构原型建筑功能布局，根据前述可分为两个部分，一为馆宿，一为公共活动区域，如嘉庆十年（1805年）《东元宁缎行会馆碑》中记："会馆东西，原设两所。西馆为公车住宿之所，东馆为缎行酬神议事之所。"

3.3.2.1　基本分区

1. 馆宿区

为增加住宿单间数量（按照现在建筑的术语即为旅馆中的客房数），往往充分利用倒座、东西厢房和耳房。

2. 厅事区

公共区域，主要包括会客大厅和祭祀厅堂，基本布局仍为传统的前堂后寝制度。早期由于会馆规模较小，往往会客大厅和祭祀殿堂出现合用或者功能场所混杂的情况，但由于集会议事毕竟和祀神不是同一件事情，场所氛围也要求不同，两种功能逐渐区分开来，在咸丰二年（1852年）《重修上湖南会馆并新建文星阁记》中说得很清楚："会馆自道光己丑、壬辰叠加修葺，后房稍增，下榻可容四五十人，然前后厅事皆奉祀神像暨先贤木主，宾至无燕坐之所……建厅事与祠之南。"

前堂大厅为厅事区，一般包括入口大门和大厅前部庭院所有区域。

3. 祀神区

公共区域另一个组成部分为祭祀，祭祀对象一般为舍宅之人、地方儒家先贤，如明代方大镇《宁澹居文集·续置会馆颠末纪》中云："先君既立会馆，并置周氏庄为会田及诸器具书籍公之……镇唯唯，乃暂损赀六两，为请先师木主制龛及炉瓶。以十二月念三日，迎入崇实堂之后寝。"

祭祀区域一般位于前堂之后的后堂，取中国古代庙祠建筑的传统布局，采用"前堂后寝"制度。在举行祭祀活动时，将神主从后寝中请出，放入大厅进行祭拜。但祭祀部分并非是所有的会馆中都设置，在一些规模较大、经济条件较好、人员较多的省府州馆中有设，而一些小的县设会馆则无，如清乾隆年间安徽建造的泾县会馆，其住宿功能就比较单纯。

4. 殡葬区

殡葬区包括寄厝和义园两类。

"寄厝"，即棺椁暂时停殡所在。寄厝一般设于会馆后院，或和义园合设，形成殡舍。根据中国传统丧葬礼仪，停殡时间不可过长，应早点让亡者"入土为安"，故棺椁停放于寄厝时间皆有期限，或一年，或三年。过期后，或直接葬入本会馆义园，或由会馆派专人运柩回乡安葬，运送时间一般为清明和冬至，但运回家乡安葬也一般局限于路途并不遥远的地方，如从上海运回宁波。

"义园"，即义冢，丛葬之地。如清代梁钜章在《楹联丛话全编》中云："吾乡福州会馆屋后，有野地一区，自前明即立义园，每春秋两祭，同乡之在京师者咸集。"义园一般在会馆建立后有余力的情况之下再设，因为和会馆的设立时间上有前后顺序，所以义园在位置上并不一定贴临会馆，主要看周边的用地情况，有时候还离得较远，如《京师坊巷志》中记载："白帽胡同：大悲院在法源寺前，同治初建。有云南会馆。湖广义园，井一。毛厂，井一。"可见某地区会馆和义园并不在同一个街区。但义园（义冢）一般靠近寺庙附近，由会馆委派守冢人看护。空间布局关系上虽松散，但义园是会馆不可或缺的重要不动产。查阅《北京会馆资料集成》，可得出这样的结论，一般每省的省馆皆有义园，府县级会馆根据自身实际情况而设，但在会馆筹建过程中皆为重要考虑事项。

会馆的祭祀场所除了会馆内部外，另外一个重要的祭祀地点为义园。义园在后期的变迁中常常作为空地被新的建筑所填满，其和会馆的深刻关联在历史的迅速演进中变得隐晦模糊。但义园的存在，说明会馆作为在异乡机构组织的作用已经完善，"全其生，全其死"成为会馆的重要机构功能，并有相应的建筑场所支持。

5. 附产

会馆的附产有如田亩、沿街户铺等。一般会馆沿街部分会出租为商业店铺，是会馆建筑的本身组成部分。其他则为会馆的财产，和会馆建筑在空间上并无确定的联结关系。

3.3.2.2　典型建筑形制布局

明清早期的会馆建筑实体来源主要为拓祠为馆和舍宅为馆，在不断适应北京四合院的过程中，布局和功能需求逐渐相互适应，最终从四合院民居脱胎而出，形成具备自己典型特征的建筑布局方式，确定了明清会馆建筑的基本形制，随后会馆建筑类型在后期的发展中，根据时代的功能需要、地形环境等诸多复杂因素，在基本建筑形制布局的基础上分化出各种会馆建筑类型。

典型基本建筑形制布局如图 3-10 所示，根据特征和规模可以分为 A 式祭祀原型式和 B 式综合型会馆（小型士绅式、中型士绅 / 工商式、大型综合式）。A 式祭祀原型式会馆借助祠庙，在建筑规模上可小可大，主要看祠庙建筑本身特点，是士农工商四民皆会直接转用的重要会馆原型式样。B 式小型士绅会馆一般由民居转变而来，建筑规模以院落为基本组合单位；士绅式和工商式会馆皆可为中型规模，一般以行政区划府级为建设单位，功能组合较为完善；大型综合会馆以省级为单位，无论在建筑功能的完备性、建筑规模、建筑装饰质量上皆较为突出。

各典型会馆建筑形制布局在各个地区建设时，又根据地区特点、原乡地区建筑文化双重驱动，在具体的建筑类型上体现出各自的特征。

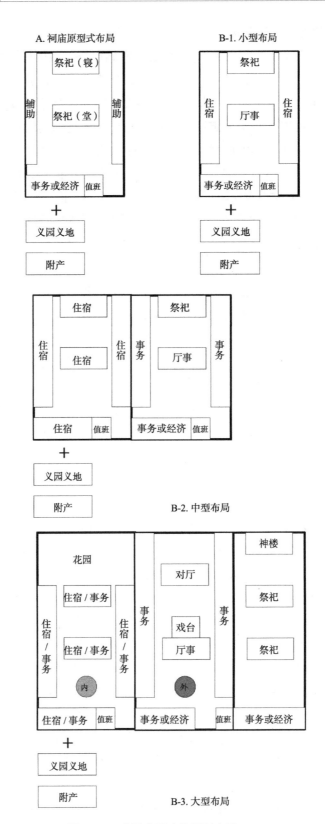

图 3-10　会馆典型建筑形制布局

3.4　江西会馆原乡祠庙原型（B 型）

　　明清江西会馆的原乡原型为祠庙。江西不同地区对应不同乡土神灵福主祠庙，也成为江西会馆祠庙原型的主要来源。江西地区，明清时期形成三大地域文化圈，分别是以省府南昌为中心的赣东北豫章文化圈，赣中吉安府为中心的古庐陵文化圈，以及赣南地区的客家文化圈，这三个文化圈随着该地人群对外的流动和输出带入他省，皆体现在会馆的建筑建造上。

　　明清早中期江西地区，出外的主要地区为南昌、吉安、抚州等府之人，中晚期后赣南客家人群成为流动的主要人口，这些人群在他乡，亦会下意识地以自己地区的主导祭祀建筑作为基本的原型移植模仿建造。江西地区，祠堂建筑较为有代表性的为吉安地区祠堂，而庙宇则为地方福主的代表南昌万寿宫，后由赣南客家人群以祠堂为底本，混用南昌万寿宫形制，建成会馆。其他府会地区，因会馆建筑大都沿大江大河而建，有水神崇拜。江西地方水神崇拜有萧公、许逊两大福主。但在他乡，此二神庙宇往往被混用，被统一认为是江西万寿宫。

3.4.1　祠庙原型 B1：血缘型村落祠堂——吉安祠堂

　　吉安，东汉和宋代称"庐陵"，明代改称吉安府，其明清行政区域如图 3-11 所示。此地区唐代之后为经济文化昌盛地区，唐宋之后科举之风极盛，科举成功而成为仕宦者，为使得本宗族人心集聚，强大宗族，提倡宗族文化，明初杨士奇、明中罗钦顺从思想层面对于宗族的文化予以了深刻阐释。宗族文化的集中外显方式即为祭祖，故此庐陵文化中祭祖昌盛，兴建宏祠，以告慰先祖，在吉安村落地区形成"凡宗皆有祠"的建筑现象。

　　吉安元代已开始建立类似家庙的祠堂，大致为国家颁旨表彰名人节行的名人专祠；明代开始从"家祠"向"始祖祠"转变，始祖祠的出现，标志祠堂性质从官方到民间的转变，名人专祠进入宗族的大型"总祠"时代，在明正德年间建造数量大增，形成吉安地区明代祠堂建造的一个小

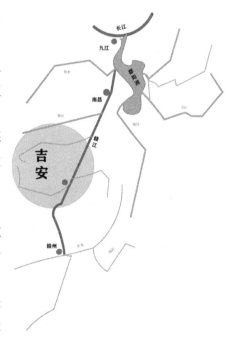

图 3-11　明清吉安府区域示意图

高峰；清代中后期，即乾隆以后，建祠之风更盛，宗祠、房祠、支祠兴盛，形成大中小层级完备的祠堂体系，在该地区的村庄中形成蔚为壮观的十几至百座规模的祠堂群。

3.4.1.1 明清吉安祠堂的建筑形制和建筑样式

吉安地区祠堂的基本形制类同于南方其他地区的祠堂，其普遍性布局皆为根据朱熹《家礼》所定制的三品官员的"家庙"而建制，即为"门、堂、寝"制度。大门、享堂（厅事）、寝堂（龛堂）沿中轴线依次设立。大门设门屋或门楼，用作接待宾客或者宣读圣旨处，门屋后为一阔大庭院，左右两庑，为宗族子弟读书之处。庭院正对为享堂（厅事），祭祖之时用于召集全族子孙肃穆行礼，家族兴盛之后，子弟人数众多，往往还会在享堂前加建"参亭"，以扩大参拜区域。享堂之后为又一庭院或天井，正对最后的寝堂（龛堂），用于放四代神主牌位。

1. 明清吉安祠堂的建筑形制

吉安地区祠堂根据规模，经过实地测绘，建筑形制上可以分为小式、中式和大式三类，如图 3-12 所示。小中大式在建筑规模和建筑形制布局上各有特点，小式祠堂一般为家祠，中式祠堂为早期宗祠或者房祠，而大式祠堂必为整个家族之宗祠。其大小的变化主要根据门、堂、寝的组合而定。其具体类型分布如图 3-12 所示。

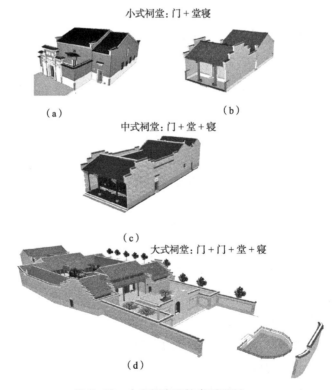

图 3-12　吉安祠堂建筑类型形制
（a）宅祠合——吉安渼陂节孝祠；（b）独立类型——吉安渼陂魏氏宗祠；（c）吉安渼陂魏氏宗祠；（d）吉安富田匡氏宗祠

1）小式祠堂

（1）宅祠合一的小式祠堂

小式祠堂，是最为原始的祠堂形制，宋之前祭祀于民居的寝堂之东，宋《家礼》规定，可单独成屋，建于正堂的东边。故此最早期祠堂和民居关系密切，或脱胎于民居，或附建于民居。早期独立出来的小式祠堂一般由当地民居改建或捐舍而来，堂寝合一，三开间，一进院落，大门—院落—堂寝（合一）。其作为祠堂的特征，往往体现在入口大门上，立匾额，或者直接受国家旌表后，大门改建成为牌坊，如吉安渼陂的节孝祠。小式祠堂也是祠堂建筑类型渊源于民居，和民居建筑同构的最直接例证。

（2）独立类型化后的小式祠堂

祠堂作为一种独立的建筑类型，逐渐形成区别于民居的独特建筑形制。其基本建筑形制为中国士大夫建筑等级的门堂之制。相对于宅祠合一的祠堂，其公共性更强，体现在"门"之部分，不再是贴附在院落墙上的单片大门，而是形成三开间的柱廊式门屋，其基本的轴线关系为门屋—院落—堂寝，一进院落布局方式。其中，核心祭祀活动的堂房和宅祠合一的祠堂的堂房尺度类似。其演变逻辑是在当地民居之前，直接加建门屋形成院落式祠堂样式。独立类型化后的小式祠堂，其建筑面积在 $250m^2$ 左右，相对于宅祠合一的祠堂要多出一门屋的建筑面积。而门屋采取公共性质强的柱廊式门屋。吉安地区的小式祠堂的典型代表为吉安渼陂魏氏宗祠，其建筑形制布局和建筑样式，如图 3-13 所示。

2）地域典型代表的中式祠堂

中式祠堂，为吉安地区祠堂建筑类型化之后的典型布局。三开间，二进院落，前部有扩大的场坪和水塘，轴线上依次为水塘—场坪—门屋—天井—堂—天井—寝，如吉安渼陂轩公祠和节寿堂。中式祠堂，用地一般约为 $1000m^2$，另有相应所分配的池塘，建筑占地规模为 $400 \sim 500m^2$ 之间。

相对于小式祠堂，其建设更为正式。大门为门屋式，门屋为前后柱廊式，柱廊—门堂—柱廊的进深比例约为 $1:2:1$，前部柱廊吊顶为轩，后部柱廊屋顶为门堂屋顶自然延续，柱廊成为天井的围合界面。根据明清等级规定，入口大门是否露柱，进深的凹入退让，直接显示出建筑的等级，故此柱廊式门屋是祠堂公共性质的标志。院落为四面围合汇水的柱廊天井院落。中式祠堂相对于小式祠堂，堂寝分开，但堂寝分隔的天井空间较为狭小。其建筑等级在建筑样式上体现在，门屋的山墙为完整的封火墙式，而堂寝的山墙则只在屋檐的角部部分点缀。吉安中式祠堂的典型例子为渼陂节寿堂，其建筑形制布局和建筑样式如图 3-14 所示。

3）地域建筑文化最高的大式祠堂

大式祠堂，往往为整个家族的宗祠，建造等级最高，建造时间较久。大式祠堂，许多可推测从小式或中式的祠堂逐步扩建而来，其建造顺序依次为寝—堂—门屋；有的大式祠堂直接由中式祠堂改扩建而来，只是在前部加建了扩大到庭院的门屋，最

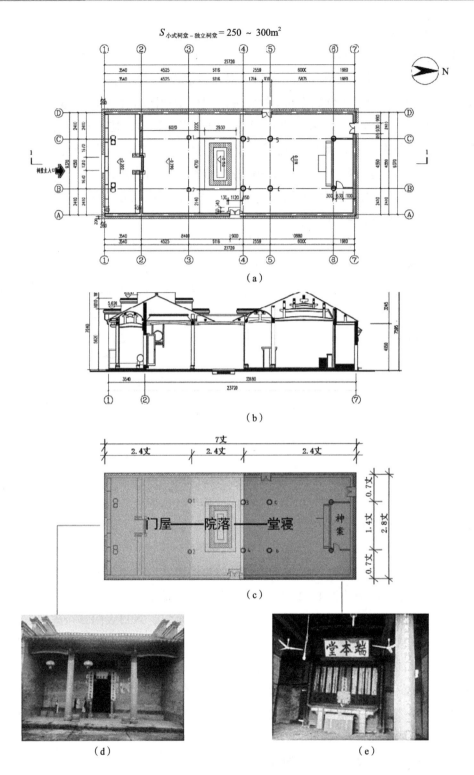

图 3-13 吉安渼陂魏氏宗祠

（a）平面图（测绘尺寸）；（b）剖面图（测绘尺寸）；（c）分析图（清代尺寸）；

（d）魏氏祠堂柱廊式门屋；（e）魏氏祠堂内部神案牌位

（资料来源：绘制黄志勇等，照片自摄）

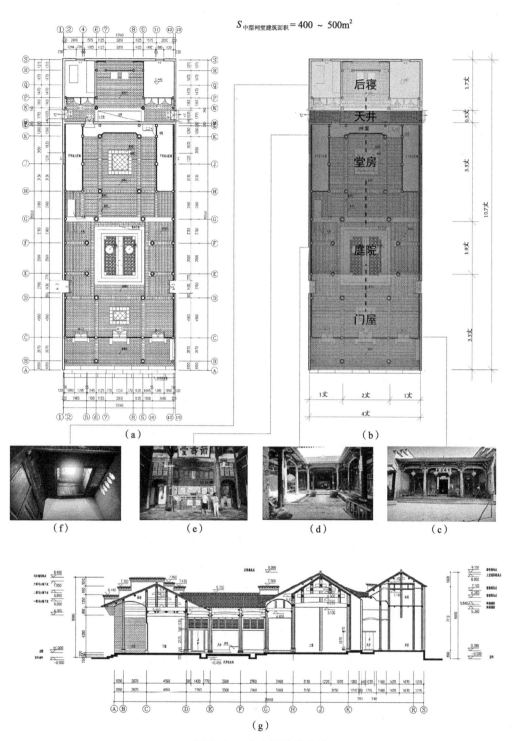

$S_{中型祠堂建筑面积}=400\sim500m^2$

（a）

（b）

（f）　　（e）　　（d）　　（c）

（g）

图 3-14　吉安渼陂节寿堂

（a）平面图（测绘尺寸）；（b）平面分析图（清代尺寸）；（c）柱廊式入口门屋；（d）堂房和寝房之间的院落；

（e）堂房神案；（f）寝房屋顶天窗；（g）剖面图（测绘尺寸）

（资料来源：测绘图绘制郭为等，照片自摄）

后门—堂—寝，三部分完全独立分开。一些受国家旌表，等级制度比较高的宗祠，还会附加许多礼制性的小品建筑，形成主线上设有照壁—水池—前部广场—牌坊—门屋（楼）—院落—堂—天井—寝的复杂建筑群，加扩建痕迹较为明显的大式宗祠为吉安富田王氏宗祠。大式祠堂的建筑占地面积可在 $1000m^2$ 以上，加上前部广场、池塘、树林等附属用地，用地面积可达四五千平方米，如吉安富田匡氏宗祠。

门，吉安大型宗祠的门屋一般为五至七开间，形式上有门屋柱廊式和门屋柱廊牌楼式。堂，堂房一般五开间，中部三开间，有东西两厢房。梁架上采用前后轩廊设置，中部间架为级别高的抬梁式木构架，当心间四根柱子硕大，直径要远大于其他部位柱子，以强调中部堂房空间的重要性。吉安大式祠堂中，堂房比较特别之处在于，往往会在堂房前部加建"参亭"，与此地几世同族、人丁兴盛有关。寝，屋架为穿斗式结构，一般分为上下两层阁楼样式，上部阁楼用于存放祭祀活动的物品，有时候还会暂存棺椁，东西两厢会附建厨房。

吉安地区大式祠堂的前堂后寝的布局观念非常之强，体现在建筑布局尺度和手法上，即堂前的院落尺度巨大，有 6 个以上柱距，而堂寝之间的天井却只设 1 个柱距，形成了前部敞亮宽阔，适合举行整个家族祭祀活动的院落空间，后寝却为神圣静谧的狭小天井空间。

吉安大式祠堂的典型例子为吉安富田王氏宗祠，为江南建筑面积最大的祠堂。堂寝部分建于明嘉靖年间，号为诚敬堂，后不断扩建参亭、门屋、左右两庑部分，形成了占地 $3600m^2$ 的复杂建筑群，如图 3-15 所示。

2. 明清吉安祠堂的建筑样式特征

1）大门

庐陵地区目前的先祖 65% 以上来自北方的中原文化区。晋"永嘉之乱"、唐"安史之乱"、宋"靖康之乱"后为避战乱，大量北方人口迁移至吉泰盆地定居，将原中原文化地区的建筑样式和工艺带入本地区。在漫长的历史发展过程中，形成了相对保守稳定的文化和风俗。在建筑形制和建筑样式上具有古风特征，唐宋金元的建筑遗风尤其明显。

唐宋时期，两次战乱后，江西地区有北方大量人口迁入，逐渐成为农业、手工业、商业、文化昌盛之地，到南宋时期，更是形成了抚州、吉州、饶州和信州三个大的文化学术中心。而吉州南宋时期的进士数量占整个江西地区的一半，到明后期，江西地区的进士数量在全国从上游跌落至中游，但数量仍然可观，科举所代表的官方传统文化被此群体保存。故此最顶峰的宋金元时期的建筑，作为江西地区最为辉煌时期的风格被继承和保留下来。

吉安祠堂中的"门"之制度，彰显礼制性质较为明显。在建筑形式上，有"独立的门"样式和"柱廊门屋"样式两种。地域风格较为强烈的门之建筑样式中，独立的门样式为受到国家旌表的牌坊门，而柱廊门屋样式则为门廊合一的牌楼样式。大致来说，

$$S_{大式祠堂} \geqslant 10000\text{m}^2$$

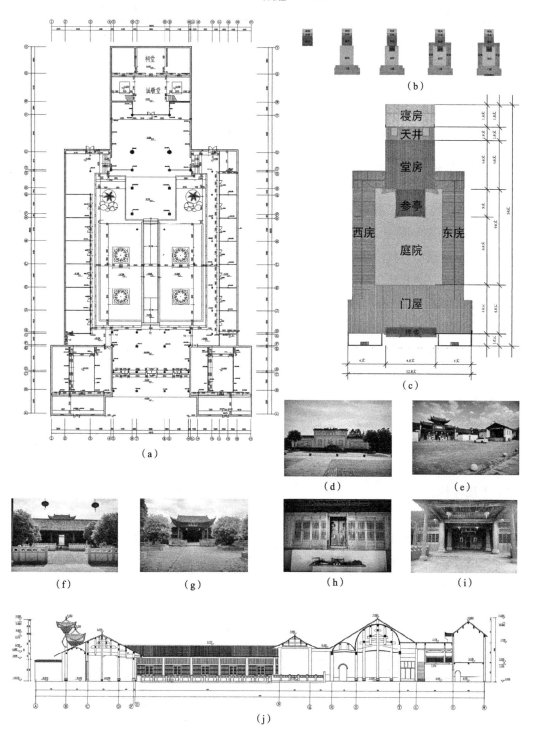

图 3-15 吉安富田王氏宗祠

（a）平面图（测绘尺寸）；（b）王氏祠堂演变图；（c）分析图（清代尺寸）；（d）门前照壁；（e）牌楼门；
（f）门屋；（g）参亭；（h）寝房神案；（i）堂房；（j）剖面图（测绘尺寸）
（资料来源：测绘图绘制熊志成等，分析图自绘，照片自摄）

吉安祠堂的牌坊门主要为砖石制独立式，而牌楼门主要为木构或者石木混合的门屋式，且皆有唐宋风格遗痕。

（1）官方旌表制度下的唐宋风砖石牌坊门

吉安地区的牌坊，适应南方地区雨水较多的气候，为防腐防雨，以砖石牌坊门为主。其砖石牌坊门经历了从礼制小品的独立牌坊门到牌坊门与建筑合建的过程。

①独立式礼制小品式牌坊门

a. 礼制小品旌表制度

祠堂的大门若为砖石牌坊门的建筑级别较高的形式，定和官方的旌表制度有关。受国家旌表是家族的重要荣耀，故必定在大门门面上显现。

什么是旌表制度？旌表是一种表彰制度，起源于先秦，官方程序出现于宋代，制度化于明清时期。由皇帝直接授予，主要对象为忠、孝、节、义（累世同居）之人，是官方权威评价引导民众道德风俗的重要手段，而布衣编民亦得以名闻。"旌表是国家意识形态在民间的表达"。

吉安牌坊门为砖石牌坊门，红砂石为骨架，砖为填充。红色砂石质料较软，易于雕刻，牌坊门的额枋和匾额成为重点雕刻纹饰之处，而立柱则雕刻对联。其牌坊门基本样式为横三纵三式，代表实例为吉安古坪村的忠义坊。横三为三开间，次间—明间—次间，面阔比例为1∶2∶1。纵三为枋下、枋间和枋上三部分。枋下为洞口部分，主要为石柱，石柱柱础低矮。枋间为放置匾额或者是圣旨文书。枋上为屋檐部分，从枋过渡到屋檐，中间镶嵌"圣旨"标志，两边石头仿木做挑木，上雕卷草纹。屋檐四坡庑殿顶，屋脊有鳌鱼吉祥装饰。整个牌坊门的厚度较小，即为石柱的厚度，5~6尺之间，"门"样形式较为明显。吉安地区的砖石牌坊门虽然砖石造仿木作，但屋檐之下不用斗栱。

牌坊门到明清时期有的建筑变体为祠堂前部的照壁，其区别在于照壁中部门洞封闭为墙体，但是照壁建筑外轮廓线和构筑方式仍同构于牌坊门形式。照壁、池塘、祠堂牌坊门形成轴线对景，如富田大夫第的照壁就和入口的牌坊门形制一样。

b. 建筑样式特征

吉安地区牌坊门和唐宋里坊门的关联体现在以下两点：

第一，牌坊门和墙体的连接，并不如明清之后牌坊门发展一样，门墙脱开，门获得完全的独立性。往往和周边院墙或者房屋外墙连接。

第二，唐代房屋建筑色系喜用朱白二色，即木结构骨架部位刷为朱色，而墙体刷白色。明清时期，南方地区由于等级制度规定，房屋建筑色系已经转为黑白灰，木结构体系惯用桐油清漆原色。而吉安地区的砖石牌坊门仍具有"石头仿木"现象和做法，石框架采用红色砂石，填充砖墙刷白色石灰水，形成朱白二色系。此类同于唐风建筑色系在祠堂建筑中的保留，一因吉安地区古风遗留影响重大，二和江西建材有关。古风影响体现在对红色的喜爱，此和当地的科举之风兴盛有关，唐宋以来，一品官员官服为红色，传统延续至明代。故此使用红砂石作为牌坊入口大门，甚至作为祠堂立柱，和家族受国家旌表或者出了品级较高的官员有关，文化上的官文化的偏好确立了建材使用的倾向。红色砂岩在吉安地区分布较多，东北的永丰沿陂镇、泰和、青原富田、遂川皆出此石料，在当地是一种普遍建材，但由于儒家风气保守，且等级制度限制，使用节制，仅在房屋关键部位使用，如作为民居的大门门框、门槛和防撞要求较高的房屋转角部位的转角石，亦成为有等级要求的牌坊门的首选用材。此类做法，在赣闽粤交界的红砂石盛产地做法甚多，如岭南地区，但该地区红砂石使用则比较豪阔，如整个墙脚至半墙身皆用红砂石砌造。

②贴附建筑式牌坊门

礼制小品的牌坊门和建筑房屋的门直接融合，成为贴附于建筑的砖石牌坊门，有整体式和局部贴附式两种。

a. 整体贴附式

祠堂整体式牌坊门来源有二：一，明清家族三品以上官员，祠堂前才可立独立的牌坊。二，吉安祠堂的砖石牌坊门和由民居改建而来的祠堂关系密切。吉安儒家文化发达，科举进士，忠义节孝之人众多，受国家旌表人数亦多，国家会颁银建立牌坊，由于银两有限，于是便将住宅院门或堂屋大门改建为牌坊式样，许多受旌表人士，死后都将自己的住宅捐舍为祠堂。于是祠堂大门便成了牌坊样式大门。若由民居改至祠堂，则会将进入院落的大门改建成独立式牌坊样式，形成基本祠堂的门堂之制。改建的牌坊门一般为四柱三间式，接已有周边围墙，如前文所述渼陂的节孝祠、富田大夫第，但三间下部柱间门洞中，只有中部开洞，而两次间门洞用砖封死。建筑装饰不用雕刻，而是在枋间和屋檐下用水墨绘画的形式，和当地民居装饰相同。

b. 局部贴附式

贴附式砖石牌坊门为祠堂牌坊门的另一主要形式。往往截取牌坊门的上部建筑片段局部，柱中间断开，不落地，类似北方四合院垂花门柱子样式，同时等比例缩小，作为堂屋大门上部的贴附式门头，建筑装饰和建筑符号感较强，也是明清民居大门门头的传统做法。贴附式砖石牌坊门一般用于祠堂的侧门或者中小民居的大门。

祠堂的砖石牌坊门形式如图 3-16 所示。

（2）门屋合建宋金遗风木牌楼式

吉安当地最为典型的牌坊门即为"喜鹊筑巢"的木牌楼，往往和门屋的柱廊部分统一设计建造，是牌楼对于木结构柱廊的适应所形成的柱廊牌楼样式。柱廊牌楼式门廊一般只在中大式宗祠出现，如吉安卢氏宗祠、渼陂梁氏宗祠、富田王氏宗祠，木牌楼样式亦和科举官员身份有关，成为当地祠堂的重要特色建筑样式元素。

①木牌楼样式

门屋柱廊木牌楼由上、中、下三部分构成。下部为柱廊，中部为梁枋斗栱，上部为屋檐。

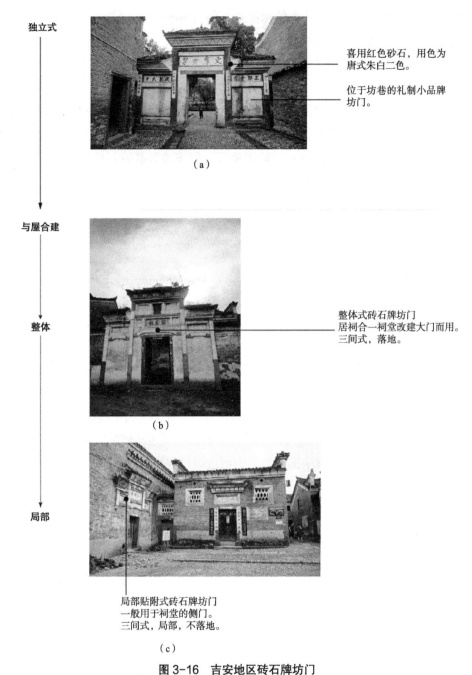

独立式

喜用红色砂石，用色为
唐式朱白二色。

位于坊巷的礼制小品牌
坊门。

（a）

与屋合建

整体式砖石牌坊门
居祠合一祠堂改建大门而用。
三间式，落地。

整体

（b）

局部

局部贴附式砖石牌坊门
一般用于祠堂的侧门。
三间式，局部，不落地。

（c）

图 3-16　吉安地区砖石牌坊门

（a）独立式牌坊门（实例：吉安钓源古村）；（b）整体式砖石牌坊门（实例：吉安渼陂节孝祠大门）；
（c）局部贴附式砖石牌坊门（实例：吉安渼陂用永慕堂侧门）

　　下部，柱廊部分，牌楼和门廊统一，采用相同尺度的柱子，柱础为红色砂石，早
期一般为木柱，到后期会因家族势力的上升而改为石柱。在柱廊和梁枋部分的短柱之
间，可见明显年代不同的接痕，一可能为材料的更替，二亦可推测早期为简单柱廊样式，
后将柱廊明间部分屋顶打破而改加建梁枋屋檐部分，加改建痕迹最为明显的例子为泰

和大江村欧阳宗祠，极端改建例子为富田匡氏宗祠，直接破门庑屋顶，加建一层楼阁，形成重檐门屋。明间牌楼柱廊上会雕刻或书写家族警训对联。

中部，梁枋部分仍为木材，刷朱红色，和本地的红色砂石柱相适应，上下额枋之间为匾额，题匾表明科举官家身份，如卢氏宗祠上书"科第征贡"、梁氏宗祠上书"翰林第"、王氏宗祠上书"兰桂馥馨"。而原有之匾额则挂于入口处。因为破建原有屋顶，故缺口处用斜向三角形挑板封边，两边形成八字形封口板样式。此梁枋中部的八字形样式，到后期又反过来影响到砖石牌坊的砌造，如富田大夫第祠堂牌坊门，平面布局采用八字样式。可见不同材料牌坊建造手法之间的相互影响和作用。

上部，屋檐部分，屋顶采用歇山顶样式，屋面为曲面，同时四角翘角急峻，为典型宋代风格，正脊脊饰为鳌鱼翘首，侧脊脊饰为龙须，小青瓦。

② 地域性斗栱样式

屋檐部分中，最有吉安地区特点的为斜 45° 的密集斗栱。这种斜向斗栱，在江西东北地区乐平戏台建筑中也有使用，当地俗称"喜喜儿栱"或者"蝶面栱"，取其吉祥含义为"喜从天降"，当地蜘蛛即叫喜喜，而吉安喜鹊筑巢栱，则为在十字交叉栱的对角线上镶嵌喜鹊木雕，应为斗栱构件中昂之变体，喜鹊意为喜讯来报，喜庆吉祥。其地方特点有三：一为宋金式斜栱；二为栱之间镶嵌圆形铜板样式；三为密集繁琐。

a. 宋金式斜栱

在其他地区的祠堂木牌楼中也有斗栱设置，但一般为正向放置，斜斗栱较少。斜斗栱为典型宋金做法。北宋时期出现补间铺作中设置斜华栱，斜栱角度有 45° 与 60°，最早为北宋皇祐六年（1054 年）的摩尼殿，斜华栱可以减少两朵补间铺作之间的间距，后来成为一种重要的斗栱形式语言。斜栱正面投影宛若早期"人字栱"，可能为唐代人字栱之转变，北宋建筑风格后来传播影响到金国，在金代地区建设较多，成为金代建筑的一大特征，如金代山西华严寺大雄宝殿、佛光寺文殊殿补间铺作皆为 45° 斜栱。金亡之后，斜栱较少使用，但却在吉安地区有见，可证遗风。

b. 栱之间镶嵌圆形铜板样式

圆形铜板上会雕刻金漆吉祥字或图案，上金漆，朱漆为底，金漆为凸，是吉安当地金漆木雕在祠堂木牌楼门上最直接的体现。南方地区木雕较为朴素，一般为原木色，刷桐油清漆，而吉安当地朱金漆木雕，色系浓重，与北方官式建筑风格较为接近，是为地域特点，也可见其宋金古风遗留。

c. 斗栱细密，层数五至七层

此为清代斗栱繁琐装饰化之特征。

牌楼柱廊式门屋是大式祠堂建筑的最高门屋形式，是礼制旌表牌坊和祠堂门庑的合一。柱廊部分的天花皆用曲线吊顶，形成"轩廊"，此种吊顶做法在"堂寝"之中亦相同。喜鹊牌楼式牌坊门如图 3-17 所示。

2）堂寝建筑形制：宋式堂寝

堂寝为祠堂建筑的核心主体部分，前堂后寝。

屋角起翘峻急，宋式风格。

牌楼的牌坊，外八形式，
为旌表制度在建筑上体现
的关键处。

柱身，柱子早期为木柱，
宗族中出三品大员之后改
成当地红砂石柱。

（a）

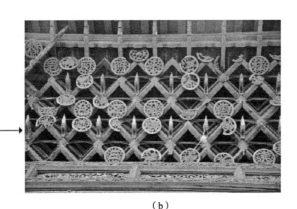

（b）

图 3-17　吉安喜鹊筑巢门屋式木牌楼门
（a）喜鹊筑巢门屋式牌楼门；（b）喜鹊筑巢门屋式牌斜栱

（1）祠堂古风以"堂"命名

吉安地区各祠堂以"堂"命名，如永慕堂、崇本堂、笃亲堂，堂号即为家号。堂名不区分宗祠、房祠、支祠等级。而南方其他地区祠堂往往宗祠以"堂"命名，房祠和支祠则以"厅"命名。"厅"和"堂"在古代建筑形制中，所指房屋场所有所不同。

对于中国古代汉字的解读在于音、形、义三部分，分别解读如下。

①厅

"厅"繁体为"廳"。根据《康熙字典》云，汉到两晋时期为"聽"，到六朝以后才加了"广"字头。"广"为房屋，从字形来看即为房屋的剖立面。可见"厅"为形声会意字，主要为听事的场所。《集韵》曰："古者治官处曰之听事，后语省曰之听，故加广。"故此，一般指官府办公处，或者举行会议的房间。

可见"厅"在建筑场所的意义上，讲究官方性和公共事务性，相对于"堂"的所指范围更为狭窄、特定。

②堂

"堂"音从"尚"声。"堂"形从土部，从字形上看，可分为土、口、小三部分。从图形上看即为土台上的一栋房屋，这座房屋的屋顶较为复杂，可见其为等级较高的房屋。"堂"的义在不同古书中解读如下：《说文解字》中云："堂，殿也。臀，殿也，高厚有殿鄂也……古曰堂，汉以后曰殿。正寝曰堂。"可见堂在古代指有台阶的正室。《释名》中云："堂，高显貌也。"《尔雅·释宫》中云："古者有堂，自半前虚之，谓之堂，半以后实之，谓之室。"即古代建筑布局中，一分为二。《演义》中云："堂，当也。谓当正向阳之宇也。"可见堂为坐北朝南的房间，其指代的范围较广，可指代一个大的、等级高的建筑单体。

从堂的音、形、义三部分可知古代堂的基本建筑布局和形制。故此可见吉安祠堂的典型建筑形式为南面开敞、北面封闭的房屋。对于"堂"的重视，主要体现在建筑大门的牌匾上，如图 3-18 所示。

（a）

（b）　　　　　　　　　　（c）

（d）　　　　　　　　　（e）

图 3-18　以"堂"命名的吉安祠堂
（a）吉安渼陂竹隐堂；（b）吉安钓源惇叙堂；（c）吉安富田诚敬堂；（d）吉安陂下竹隐堂；（e）吉安陂下敦仁堂

（2）"堂"和"寝"连接的宋式"工字廊"

建筑平面布局受宋金元殿堂遗风影响，宋代官式建筑殿堂前后交通联系中，通常做法用"工字廊"进行连接。在吉安明清祠堂中，此宋代设计手法的遗留即体现在享堂和寝堂之间用"工字廊"连接，在平面布局上形成"品"字形一大二小的院落天井，如吉安富田王氏宗祠、吉安钓源欧氏宗祠，如图 3-19 所示。虽随着历史发展，宗族后人的解读为祖上出了三品大员，或者诸如做人要有人品的附会，但都可以看出宋代官式建筑的遗风。

相对享堂前面阔大院落空间，享堂和寝堂之间的院落空间尺度上要窄小许多，基本只能称为南方的天井。

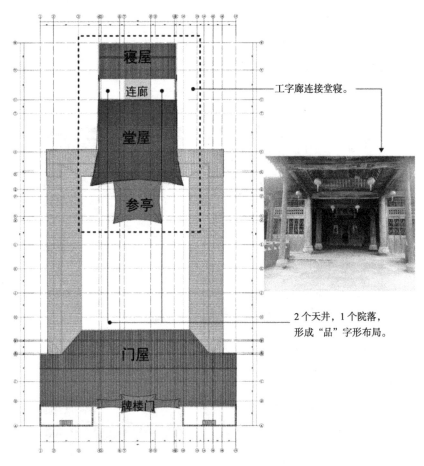

图 3-19　堂寝工字廊连接建筑平面布局

3.4.1.2　明清吉安祠堂建筑原型样式在江西会馆建筑中的传播和体现

由于吉安祠堂的主体功能为祭祀，祭祀作为移民的重要精神信仰，伴随着移民向外传播，其建筑物质载体为江西会馆。其传递特征为从祠堂中的祭祀到会馆中的祭祀。江西地区祭祀的核心原型为吉安祠堂和南昌万寿宫，前者为宗族血缘性祭祖方式，后者为地方地缘性祭神方式。根据传播学特征，往往会高度抽取最具有地域代表性的建筑平面布局形制和建筑样式及符号进行传播，而吉安祠堂建筑样式的传播中最具有地域建筑符号样式的大门——喜鹊筑巢门楼样式、堂寝的布局，都在江西会馆建筑尤其是以吉安地区为主的移民会馆建筑中体现，如西南地区的云南江西会馆的门楼，如图3-20 所示。

图 3-20   吉安祠堂建筑样式在江西会馆中的使用

（a）吉安渼陂永慕堂喜鹊筑巢牌楼；（b）吉安富田王氏祠堂喜鹊筑巢牌楼；（c）吉安陂下竹隐堂喜鹊筑巢牌楼；
（d）吉安陂下祠堂喜鹊筑巢牌楼；（e）吉安喜鹊筑巢牌楼细部；（f）云南会泽江西会馆喜鹊筑巢门屋牌楼细部；
（g）云南会泽江西会馆喜鹊筑巢门屋牌楼

3.4.2 祠庙原型 B2：乡缘型城镇宫庙——南昌万寿宫

3.4.2.1 原乡南昌万寿宫由来及其与他乡江西会馆的关系

万寿宫的名称来源于宋徽宗，"宋徽宗政和六年（1116年）听信林灵素之言，自号神宵帝君，令天下皆建神宵万寿宫"，可知万寿宫在宋时并非唯江西独有，它是作为帝王追求永生之道的道教宫殿。不同地区内部祭祀的道教神灵也各有不同。至清朝，在江西地方官府和江西商人的大力推动下，才在全国万寿宫中异军突起，自成一格，成为江西地方地域建筑的代表。江西万寿宫内部祭祀的主神为许逊真君，许逊所代表的江西地方文化是提倡儒道结合，讲究忠孝，这也是江西万寿宫中前殿主祭许真君，陪祭许真君之母的"谌母殿"。

江西会馆至清中开始大量改名为"万寿宫"。但外省命名为"万寿宫"的江西会馆和江西本省的"万寿宫"并不完全相同。万寿宫是道教庙宇，其主要的建筑功能是祭祀，而外省的会馆建筑，地方神灵祭祀只是其功能之一，会馆还包括同乡集会、行业商议、乡亲临时安顿居住等其他建筑功能。外省的江西会馆建筑类型上分为几个区，祭祀部分是主体，但在其后部或侧部会有附属院落，作为会馆的其他功能。只可惜历史沧桑，这些附属部分目前大部分已经损毁消失。

3.4.2.2 江西会馆形制所参照的南昌万寿宫原型

南昌万寿宫有两座，一座是南昌新建西山万寿宫，另一座为南昌铁柱万寿宫，两座万寿宫虽都是宫庙建筑形制，但建筑平面有所不同。南昌西山万寿宫的规模大，道教神谱综合性较强，而南昌铁柱万寿宫，则世俗性和官方性特征较强。

1. 南昌西山万寿宫

南昌西山万寿宫被认为是万寿宫的祖庭，位于南昌新建县郊区逍遥山下。

祠庙始建于东晋，初名许仙洞。在宋徽宗期间，御赐许真君"观"升至"宫"，其形制最为繁复，宫墙围合，建筑群落坐北朝南，南部一重宫墙，宫门三座，每门为三开间牌楼样式，院内五列轴线，靠宫墙两列为附属厢房，中间三列为殿堂，分别祭祀许真君、关公、太上老君，许真君殿位于西列，每列轴线均为棂星门—正殿—后殿，殿均为三开间，屋顶样式为重檐庑殿顶。明代重修万寿宫时，形制大为简化，保留三座宫门，祭祀对象去掉关公，每列三座殿堂简化，改为一座主殿。清代重修，返归宋制，乾隆三年修建最为类同，但许真君殿改为东列祭祀，祭祀对象回到关公、太上老君、玉皇大帝、许真君、谌母，并将南部一重宫墙增为二重宫墙，第一重宫墙单座宫门，宫门为五开间庑殿顶门屋，八字布局；第二重宫墙，宫门三座，中部宫门最大，七开间，左右宫门分别为三开间庑殿顶门屋。至同治七年，万寿宫祭祀对象进一步增加了许真君妻，并将每座宫门由矩形开间形式改为门洞形式，木构宫门改为砖石拱券砌筑。南昌西山万寿宫是祭祀道教众神仙的宫殿，从祭祀神仙的主体位置来看，许真君是陪祭，并非主祭。其建筑平面布局如图 3-21 所示，建筑样式如图 3-22 所示。

　2.南昌铁柱万寿宫

　南昌铁柱万寿宫，为全国万寿宫典范，位于南昌市翠花街西，祭祀净明道祖师许逊。开始建筑形制为祠堂——旌阳祠，内有水井，水井里有铁柱，为镇蛟龙所为，故唐代被赐名为铁柱宫，明嘉靖年间正式赐名妙济万寿宫，历史上多次重建。

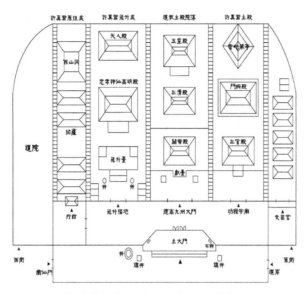

图 3-21　同治七年西山万寿宫平面

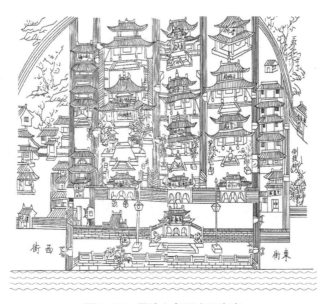

图 3-22　同治七年西山万寿宫

（资料来源：作者据界画底图重绘。

界面底图来源：（清）金桂馨漆逢源编纂.万寿宫通志 [M].南昌：江西人民出版社，2008.）

现有图本为同治十年（1871年）重修，许真君为主祭，真君母和弟子陪祭。建筑形制为东侧主轴线上南第一重宫墙—池塘前庭—南第二重宫墙—6～10m左右深院落—南第三重宫墙—正殿—后殿—北宫墙，西侧附属轴线为祭祀许真君母及弟子小院。每重宫门单座，第一重宫门三拱券形门洞，双层庑殿顶，上层庑殿顶被门牌打断，形成三段，中间一段自然升起，此建筑构造做法后来在江西其他类型建筑中也被使用，门前雌雄双狮，雌狮意态温婉，不似他处；第二重宫门三拱券形门洞，做法同前；殿堂为上下两殿形制，前殿祭许真君，后殿祭玉皇大帝，东西厢房，殿堂为双层庑殿顶，中部楼座做法同大门。北面宫墙双宫门，形式较为简单。

建筑平面布局如图 3-23 所示，建筑整体样式如图 3-24 所示，民国时期正殿如图 3-25 所示。

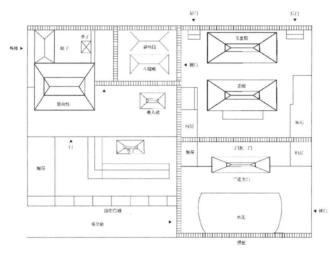

图 3-23　同治十年南昌铁柱万寿宫平面

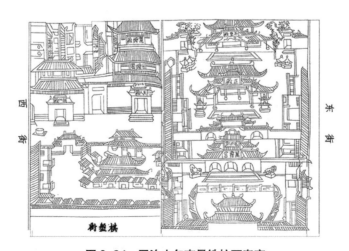

图 3-24　同治十年南昌铁柱万寿宫

（资料来源：作者据界画底图重绘。

界面底图来源：（清）金桂馨漆逢源编纂.万寿宫通志[M].南昌：江西人民出版社，2008.）

图 3-25　民国时期南昌铁柱万寿宫正殿

（资料来源：南昌民俗博物馆）

3. 江西会馆万寿宫原型的选择

通过分析南昌西山万寿宫和南昌铁柱万寿宫的建筑形制，可以得出外省的江西会馆所依据的平面原型以南昌铁柱万寿宫为主。其原因在于：第一，南昌铁柱万寿宫祭祀对象明确，即为许真君，代表江西地方神灵，在建筑布局上采用上下双殿形式，这在外地江西万寿宫平面中均得以体现；第二，南昌铁柱万寿宫位于南昌古城区中心，建筑平面适应城镇用地较为狭窄的需求，上下殿为主院落，附属小院为谌母殿，或其他用房。而江西会馆建筑大都建于商业集镇中心，此万寿宫布局适应性更强。同时，位于江西省政治中心南昌老城区的铁柱万寿宫由于区位原因，在民间的文化影响力上会更大，其先被江西其他府县参照，随着江西移民商人扩展到外省地区。

3.4.3　祠庙原型 B3: 血缘乡缘混合型祠庙——赣州祠堂式万寿宫

赣州府地区作为江西客家人口聚集地区，经济、文化相对较为落后，但因为是客家文化区，对自身文化完整保存较为重视，到后期也逐渐形成了自己的特点，除体现在最为出名的民居围屋类型上外，在公共建筑上亦有祠堂，以及祠堂式万寿宫。

客家人对于先祖的祭祀尤为重视，为其族群凝聚核心。赣南客家祠堂有两类，一类放置于围屋中，为围屋核心祖庙；第二类类同于江西其他地区祠堂样式，受上游赣中吉安府祠堂影响较大，也为门堂寝制度，但由于靠近广东、福建，故此具体的建筑构造和样式上会有不同之风格，如封火墙会用波浪曲线形式，墙体和屋顶的檐口较轻灵。

在宫庙建筑上，许真君崇拜在乾隆元年（1736 年）就进入了赣州府定南地区，修建了万寿宫，但其宫庙的修建并非照搬南昌祖庭万寿宫样式，而是在当地祠堂的样式上，在入口门屋处直接加建封火墙式的砖石牌楼，其核心原因，还是因为赣州本地以山区为主，农业人口为主体。

此种以祠堂为底本的万寿宫建筑样式，随着客家人群在全国范围的迁移，而传播到各地，在四川、贵州等地尤为突出。从祠堂到祠宫合一再到会馆，其具体演化如图 3-26、图 3-27 所示。

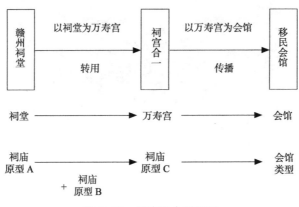

图 3-26　祠宫混合型原型

图 3-27　赣州祠堂到外地江西会馆
（a）赣县谢氏祠堂；（b）赣县戚氏祠堂；（c）赣州宁都小布万寿宫；（d）贵州石阡万寿宫
（资料来源：百度）

3.5　本章小结

原型在西方古典文化词语里具有两层意思：一为最原初发源的类型，具有时间的限定；二为一直隐含的典型结构。借助荣格心理学原型概念发展出的建筑类型学中，认为建筑原型包括建筑起源原型和普遍结构原型两类，故此会馆建筑原型包括会馆起源原型和普遍结构原型两种，在此基础上加入了江西地方典型性地域特征，形成了江西会馆的祠庙原型。会馆的起源原型、普遍结构原型和江西会馆的祠庙原型构成了会馆建筑研究的原型系统。

　　会馆的起源类型建筑，包括儒家祠庙、书院和官房馆驿三种。此三种建筑原型提供了儒家祭祀、教育（事务）、馆宿的三大基本建筑功能；在三大建筑基本功能的基础上，增添了殡葬和经济两大功能，五大建筑功能融会贯通，形成了会馆建筑的普遍性结构原型。会馆建筑的普遍性结构原型，对应建筑功能，建筑分区分别对应祭祀、事务、馆宿、寄厝义园和附产五个部分，通过不同部分的组成，形成两个类别的建筑形制布局，分别是祠庙式和综合式。在会馆普遍性结构原型的基础上，加入了江西原乡建筑特征，形成了江西祠庙原型。江西祠庙原型包括吉安祠堂、南昌万寿宫、赣州祠堂式万寿宫，此三大江西会馆祠庙原型的建筑形制和建筑样式成为他乡江西会馆直接的来源，在三大祠庙原型中，会馆建筑对于平面特殊布局和门头装饰使用部分，参照尤多。

第4章

明清江西会馆的他乡类型 I——士绅型会馆

　　本章主要论述明清江西会馆中的士绅型会馆的历史形成原因，讨论该类型会馆的具体建筑功能特征和形制布局方式，并结合具体实例，对普遍原型到他乡类型的转变予以论述分析。

引 论

原型和类型关联密切，原型具有永恒性和不变性的特征，而类型则源于特定的地区和历史，是该地区集体记忆和生活方式的结合，具有地区限定和历史阶段性的特征，即罗西所说的"共时性"和"历时性"的特点。某种特定的建筑类型是某地区特定历史文化和建筑形式的结合。

明清会馆建筑类型对应不同的人群和各自的生活方式，分别为士绅会馆、工商会馆和移民综合会馆三大类，使用人群和分布地区都有各自特点。那么，此三种会馆类型的各自建筑形制是什么？彼此之间有什么关联？

士绅会馆，是明清时期士绅人群在政治中心为服务于科举考试和官员候职所建立的会馆，主要集中在北京地区。士绅会馆作为明清时期最早在北京地区出现的会馆类型，作为类型的"历时性"特点，其在北京地区的时空分布有哪些演变？作为"共时性"特点，士绅会馆建筑类型的典型形制布局是什么？在北京士绅会馆的大背景比较下，北京的江西士绅会馆的"普遍性"特点是否符合，而"特殊性"的特征中，哪些与江西原乡原型有相应关系？

下文将对以上问题进行论述和解析。

4.1 士绅类型会馆在北京的形成

士绅会馆即为明清时期根据士绅的活动需要而设立的会馆。严格意义上的明清士绅会馆只在帝都北京，在南京和各大省会城市，针对士子的科考，有一些府县级试馆，所占较为少数。

北京士绅会馆产生于明中期，明中至明末有一个小的建设高峰，主要集中于北京内城。明清换代之际，建设停止，至清康熙时期，士绅会馆建设又开始繁荣，一直持续到科举制度废止，从内城转向外城分布。

北京士绅会馆建筑类型在普遍结构原型的基础上，形成了具备自己建筑类型特征的会馆类型，此类型的形成是由北京地区特有的士绅集体生活方式、历史政治文化等多方面因素所决定的。

4.1.1 分布数量变化

4.1.1.1 明清两代士绅会馆分布数量对比

京师会馆数量，根据吕作燮先生的统计，明朝时期为 41 所，而到清代晚期大约达 400 余所，在徐珂的《清稗类钞》中写道："会馆各省人士侨寓京都，设馆舍以为联络乡谊之地，谓之会馆。或省设一所，或府设一所，或县设一所，大都视各地京官之多寡贫富而建设之，大小凡四百余所。"根据光绪时期《顺天府志》记载有 445 所，后1949 年经过调查统计为 391 所，与徐珂所记载较为符合。去除工商业会馆数量，北京士绅会馆数量，明清两朝数量变化为十倍左右（表 4-1）。

明清北京会馆数量对比 表 4-1

朝代	会馆总数量		士绅会馆数量
	古代文献记载	现代统计	
明	41	78	34
清	约 400	约 900	约 350
增长率	10 倍	11.5 倍	10 倍

4.1.1.2 数量增长的动因

士绅会馆大规模建设的高峰时段为明清两代的中晚期，此时期社会相对稳定，人口繁荣。明中晚时期会馆数量增加，是一个从无到有的过程，中国各省全部开始建造各自会馆。清代康乾始，会馆数量缓慢增加，到晚清爆发性增长，数量上远超明代。清代京师会馆不仅是重修新建，还有一个功能进一步细分和建造数量大幅度扩张的特征，清代京师会馆数量增加和若干因素直接关联。

1. 建筑使用对象群体数量剧增

"士"。考试举子路途遥远，返程不便，公车明经备考停留时间增加。顺天府（北京本地）的乡试在每年八月，称为秋闱。京师会试（全国）在第二年的四月，称为春闱。理论上两股人流并不会相撞，会馆时间安排正好可以满足两股人流的住宿要求。但乡试落选之后，大量离京路途遥远的生员和贡监生会滞留京师以备下次考试，和后续紧随而来的春闱举子人流潮相撞，如清代张集馨在《道咸宦海见闻录》中写道："春闱，公车到京，咸集会馆。向例，春秋两闱应试者互相搬让，余觅屋稍迟，几为司事者所逐……四月，会闱揭晓，公车四散，夏至会馆，仍住联星堂。"而会试落榜的举子亦是大量留京复读复考，如晚清中兴名臣曾国藩。明清会馆具有针对同乡人士公益福利性质，房租打折，许多地区会馆一般一月内免费，一月后收费也计价低廉，深受应试寒士的欢迎，但入住会馆需要在朝两名同乡京官的凭引，也并非随意。若人数众多，入住发生冲突之时，会有避让制度，"京官让候补候选者，候补候选者当让会试、廷试、乡试"❶，"乡试年份尽乡试者居住，会试年份尽会试者居住，乡会试并在一年内者，按试期先后居住"❷。滞留京师的试子多以科举之风极盛，路途遥远的地区为多，这也能解释为什么在京各省郡南方会馆（广东、安徽、江西、福建）数量众多的原因。

"绅"。清代在京候补官员数目剧增，等待任命时间增加。清代开国，为补偿军费，允许户部以"师旅繁兴，岁入不给，议开监生、吏典、承差等援纳"，到乾隆期间，则"开行常例捐纳"，到清末后期，候补官员数目更是剧增，到京师跑官等候补缺的官员增加，市场需求刺激了会馆数量的增加。

两股人流汇集，故此，民国时期夏仁虎在《旧京琐记》中感慨："北京市面以为维持发展之道者有二：一曰引见官员，一曰考试举子。然官员引见有凭引期限，其居留之日短。举子应考，则场前之筹备，场后之候榜，中式之应官谒师，落第之留京过夏，远省士子以省行李之劳，往往住京多年，至于释褐。故其时各省会馆以及寺庙客店莫不坑谷皆满，而市肆各铺，凡以应朝夕之求馈遗之品者，值考举之年，莫不利市三倍。迫科举既废，市面遂呈萧索之象，于朝于市，其消息固相通也。"

2. 会馆房屋租金成为官方财政税收的重要来源，会馆建设获得官方支持

明代，会馆出租成为官方财政税收的重要来源，《明实录·崇祯实录》载："己酉，召吏部尚书商周祚等见于中极殿，谕以新维冯元飙巡抚陕西，元飙殊非巡抚才，余各问兵食计。户部尚书程国祥言：'京师赁房月租及天下会馆租，岁可得五十万'。工部右侍郎蔡国用言：'崇文宣武街石除中道外，可培修外城'。识者笑之。"

清代统治阶层对会馆的建造态度则有一个由紧到松的过程。早期，会馆作为地方势力集聚之处，被严厉打击，清代康熙年间曾禁止会馆建造。中期，社会稳定繁荣，从清代雍乾年间开始，会馆数量增加出现高峰，甚至有官员认为会馆侵占民宅空间，成为京师民宅铺位租金高涨的重要原因，但乾隆帝认为官房和会馆的建造有利于市场上民宅租金的稳定，而不是相反。官方态度由禁限转向支持，在《清实录·乾隆朝实录》中提到，"大学士等议奏，御史陈鸿宝复奏，请禁添置会馆一摺。据称自建造官房后，会馆添置甚多，以致民房渐少，租户居奇等语。查建造官房以来并未添设会馆，不得以民房居奇，指为添置会馆之过。又称租户索价，辄以何不住官房为辞而争置会馆者又假众力以乘其隙等语，若如所奏会馆有碍，官房亦且无益。设无官房又无会馆，必更受索价之累。所奏仍毋庸议"。到清朝道光、咸丰之后，在鸦片战争和太平天国运动的大背景下，各地方人员大量进京，地方势力增强，会馆的数量更是迅速增加，为笼络地方势力，甚至出现光绪帝时时给会馆御题匾额之事。

---

❶ 龙溪会馆规约。

❷ 孙兴亚，李金龙. 北京会馆资料集成·上·湖南会馆新议章程 [M]. 北京：学苑出版社，2007：644.

3. 会馆建设成为明清官儒文化中"义"举的标志性工程项目

中国古代儒家传统仁、义、礼、智、信五伦中,"义"的重要内容包括修桥铺路,建造公共性建筑物,服务百姓。公共性建筑物的建造,在乡间为祠堂、书院、庙宇的建造,此为传统建筑类型。而在明清,一方面中央集权的倾向进一步增强,而在另外一方面,地方的人文兴衰、经济实力也同样在首善地区予以展示,而地方势力在建筑类型上和营建活动上的体现,即为各地会馆的新建。

其地方文化的标志性,如《泾县新馆记》云:"今之会馆则皆各州县人自为营建。夫惟其自为营建,则其兴若废,必视其人文之盛衰与其乡人士之好义于否。"

4.1.2　选址和空间布局的转变

明清北京士绅会馆选址的总体变化是从城区的围绕政治中心转至城区的新商业中心集聚。

4.1.2.1　明代选址:以政治中心为核

1. 选址影响因素

明代京师官宦公车的会馆选址,由士绅会馆的人群活动所决定,与入京干道、京师贡院的设置、京师六部所在地、官员居住集中地等因素有关。

1)士:靠近科考的入城干道城门处

明代北京外城 7 个城门,其中宣武门附近为明代会馆选址的重要地区。明代,宣武门外由于地势低洼,易形成内涝,从地块客观条件来看并不适合修建寓所和会馆。明代会馆基本沿宣武门大街和菜市口、骡马大街沿线设置,此为明代中原和南方人员进京的主要路线:卢沟桥过永定河—通过广宁门进入广宁门大街—菜市口大街—骡马大街—北上进入宣武门大街—宣武门,即为入城。正定老馆、歙县会馆、绩溪会馆、漳浦老馆、吉安会馆等各省在京最早设立的会馆,修建在外城此地区,更多地体现了早期会馆接待住宿的馆驿功能(外城到明末才开始大规模修建开发,在此之前属于郊野)。

2)绅:便于上朝的官员住宅聚集区的选择

京师贡院和京师六部所在地为重要核心节点,成为限定区域的两个段点。第一个核心节点明清的京师贡院位于北京内城东南角崇文门内的明时坊的袋形端,最近城门为崇文门,明清改代,贡院位置没有发生改变,形成长久的凝聚力的核心建筑。第二个核心节点京师六部位于正阳门内皇城中轴线上,正阳门成为出城的最近城门。正阳门至珠市口的正阳门大街为北京最繁华的传统商业街区,定期召开的盛大书市,也吸引公车集聚。故此正阳门和崇文门之间的正东坊成为官员上下朝和去贡院的最佳区位,正阳门旁,正东坊内的长巷胡同群,成为会馆集中设置地段。从位置的选择可以看出,两个节点影响力较大的仍是官员上下朝的京师六部。

为便于进宫上下朝，明代京师官员根据品级和财力以皇城为中心环绕购房居住，形成内城和外城两个大的官宦聚集居住点。内城官宦聚集区，靠近内城三座城门（东安门、西安门、宣武门），根据明末史玄所撰《旧京遗事》中云："长安中勋戚邸第在东安门外，中官在西安门外，其余卿、寺、台、省诸郎曹在宣武门，冠盖传呼为盛也。"而对外城官宦聚集区，由于皇城位于城市南北正中轴线上，南北交通不便，为便于进宫上朝，故此位于内城南边城墙三门的正阳门、崇文门附近的正西坊、正东坊、崇北坊为中低级官宦集中居住地。但明代会馆主要靠近正阳门和崇文门外的正东坊地区，体现出明代会馆和会试以及中低级京师外籍官宦之寓所的直接密切关联，皇城的权力结构直接影响了会馆的选址和布局。

3）士绅：共同地方为儒家先贤祭祀之所

位于内城的五座会馆，大都和祠庙有密切关系，如位于北居贤坊的山西颜料会馆，又叫仙翁庙；教忠坊的怀忠会馆，又叫文丞相祠；位于白纸坊、宣南坊的会馆亦是许多脱胎于祠庙，其具体关系，前文已述，不再赘述。

2. 明代会馆选址布局和特点

对于不同要素的考虑，加上没有官方禁限，导致明代会馆的建造分布在全城中，内城和外城皆有，即《帝京景物略》中所云："内城馆者，绅是主。外城馆者，公车岁贡是寓。"内城会馆主要为同乡官员会集，外城会馆主要提供士子考试住处，具体如表4-2、表4-3、图4-1所示。

北京明代会馆地址

表 4-2

序号	名称	省份	性质	时间	现在地址	明代坊名	备注
1	弓箭会馆	北京	行会	明	冰窖口胡同	德胜门外	
2	正定老馆	河北	商馆	明	山西街 6 号院	宣北坊	
3	潞安会馆	山西	试馆	明	珠市口西大街 45 号	正南坊	
4	平阳馆	山西	试馆	明末	小江胡同 36 号	正东坊	
5	汾阳会馆	山西	试馆	明	棕树斜街 26 号	正西坊	
6	颜料会馆	山西	商馆	明中	北芦草原胡同 85 号	北居贤坊	
7	临汾东馆	山西	商馆	明	西打磨厂街 105 号	正东坊	
8	临汾会馆	山西	商馆	明末	大栅栏街 13 号	正西坊	
9	临襄会馆	山西	商馆	明末	清华街 36 号	正东坊	
10	常州会馆	江苏	试馆	明万历	小石虎胡同 33 号	大时雍坊	
11	贵池老馆	安徽	试馆	明	长巷四条 67 号	正东坊	
12	广德会馆	安徽	试馆	明末	施家胡同 2 号	正西坊	
13	和州会馆	安徽	试馆	明末	杨梅竹斜街 16 号	正西坊	
14	歙县会馆	安徽	试馆	明嘉靖	宣武门外大街 103-107 号	宣北坊	
15	绩溪会馆	安徽	试馆	明万历二十三年（1595 年）	椿树园	宣北坊	

续表

序号	名称	省份	性质	时间	现在地址	明代坊名	备注
16	石埭会馆	安徽	试馆	明	大席胡同 20 号	正东坊	
17	芜湖会馆	安徽	试馆	明永乐	长巷五条 7 号	正东坊	
18	稽山会馆	浙江	试馆	明末	珠市口西大街 148 号	正南坊	
19	天龙寺会馆	浙江	试馆	明万历	广渠门内大街 29 号	崇北坊	
20	鄞县会馆	浙江	商馆	明	里仁街 1、3 号	白纸坊	
21	福州老馆	福建	试馆	明中	虎坊路 7 号院	正南坊	叶向高故居
22	福州老馆	福建	试馆	明前	内城东城区境内	—	
23	汀州北馆	福建	试馆	明弘治	长巷二条 46、48 号	正东坊	
24	汀州南馆	福建	试馆	明万历十五年（1587 年）	长巷二条 43 号	正东坊	
25	邵武会馆	福建	试馆	明万历三十四年（1606 年）	草厂二条 3 号	正东坊	
26	漳州东馆	福建	试馆	明末	冰窖斜街 9 号	正东坊	
27	漳浦老馆	福建	试馆	明中晚	小椿树胡同 5 号	正西坊	
28	漳浦会馆	福建	试馆	明末	校场二条 16 号	宣北坊	
29	同安老馆	福建	试馆	明	京师内城	—	
30	延邵纸商会馆	福建	商馆	明万历	广渠门内大街西段	崇北坊	
31	江西会馆	江西	试馆	明嘉靖年间	崇文门西河沿中段路南	正东坊	铁柱宫
32	江西会馆	江西	试馆	明中晚	法源寺后街 3-7 号	白纸坊	谢枋得祠
33	怀忠会馆	江西	试馆	明前	府学胡同	教忠坊	怀忠祠
34	吉安老馆	江西	试馆	明中前	鲜鱼口街东段路南	正东坊	
35	吉安会馆	江西	试馆	明末	粉房琉璃街 71 号	宣南坊	
36	吉安会馆	江西	试馆	明末	珠市口西大街东段	正南坊	
37	九江会馆	江西	试馆	明万历三年（1575 年）	珠市口西大街 57 号	正南坊	
38	袁州会馆	江西	试馆	明	草厂七条 2 号	正东坊	
39	赣宁会馆	江西	试馆	明末	珠市口西大街 51 号	正南坊	
40	浮梁会馆	江西	试馆	明永乐	崇文门西河沿西段	正东坊	
41	南昌县馆	江西	试馆	明永乐	长巷四条 6 号	正东坊	
42	余干会馆	江西	试馆	明前	长巷四条 12 号	正东坊	
43	上新老馆	江西	试馆	明中	草厂横胡同	正东坊	
44	上新新馆	江西	试馆	明末	鲜鱼口街东段路南	正东坊	
45	乐平会馆	江西	试馆	明万历三十六年（1608 年）	长巷四条 12 号	正东坊	
46	万年会馆	江西	试馆	明天启	草厂四条	正东坊	
47	吉州十属老馆	江西	试馆	明	大江胡同 21 号	正东坊	
48	山左会馆	山东	试馆	明万历九年（1581 年）	通州玉带河大街 358 号	北京城外	

续表

序号	名称	省份	性质	时间	现在地址	明代坊名	备注
49	河南老馆	河南	试馆	明万历	宣武门外大街新 1 号	宣北坊	中州乡祠
50	全楚会馆	湖北	试馆	明万历	菜市口大街北段	宣南坊	张居正故居
51	安陆会馆	湖北	试馆	明万历	新革路 10 号	正东坊	
52	汉阳会馆	湖北	试馆	明末	草厂八条 1 号	正东坊	
53	郢中会馆	湖北	试馆	明天启二年（1622 年）	红线胡同	宣北坊	
54	郢中会馆	湖北	试馆	明末	西打磨厂街	正东坊	
55	黄陂老馆	湖北	试馆	明	东草厂	正东坊	
56	黄冈老馆	湖北	试馆	明	草厂二条 5 号	正东坊	
57	应城会馆	湖北	试馆	明	草厂二条 19 号	正东坊	
58	黄安会馆	湖北	试馆	明	新革路 1 号	正东坊	
59	岳阳会馆	湖南	试馆	明嘉靖三十七年（1558 年）	长巷四条 57 号	正东坊	
60	常德会馆	湖南	试馆	明万历	鲜鱼口街东段路南	正东坊	
61	长郡会馆	湖南	试馆	明崇祯	草厂十条 10 号	正东坊	
62	粤东老馆	广东	试馆	明永乐	东花市南里东区	崇北坊	
63	粤东旧馆	广东	试馆	明天启四年（1624 年）	西打磨厂街 90 号	正东坊	
64	岭南会馆	广东	试馆	明嘉靖四十五年（1566 年）	南深沟胡同	正东坊	
65	广州会馆	广东	试馆	明万历三十九年（1611 年）	山西街 6 号院	宣北坊	
66	韶州老馆	广东	试馆	明隆庆	大江胡同	正东坊	
67	粤西会馆	广西	试馆	明正德十二年（1517 年）	銮庆胡同	正东坊	
68	四川老馆	四川	试馆	明末	棉花上七条 1 号	宣北坊	杨锐旧居
69	成都郡馆	四川	试馆	明末	珠朝街 7 号	宣南坊	
70	九天庙	陕西	试馆	明	广安门外大街 189 号	广安门外	
71	关中南馆	陕西	试馆	明	中信城	宣南坊	
72	延安会馆	陕西	试馆	明	骡马大街新 9 号	宣北坊	
73	华州会馆	陕西	试馆	明天启	南柳巷 20、22 号	宣北坊	
74	延定会馆	陕西	试馆	明晚期	铁树斜街 100 号	正西坊	
75	富平老馆	陕西	试馆	明天启	南新华 58 号	正西坊	
76	富平西馆	陕西	试馆	明末	南新华街 103 号	正西坊	
77	泾阳老馆	陕西	试馆	明天启	樱桃斜街 97 号	正西坊	
78	蒲城老馆	陕西	试馆	明天启	虎坊路北口路东	正南坊	

资料来源：根据《北京会馆基础信息研究》整理。

明代北京会馆区位数量分布统计

表 4-3

区域	坊名	数量	百分比
外城	正东坊	35	44.87%
	宣北坊	10	12.82%
	正西坊	9	11.54%
	正南坊	7	8.97%
	宣南坊	4	5.13%
	崇北坊	3	3.85%
	白纸坊	2	2.57%
	小计	70	89.74%
内城	北居贤坊	1	1.28%
	大时雍坊	1	1.28%
	教忠坊	1	1.28%
	不定	2	2.56%
	小计	5	6.41%
城门外	德胜门外	1	1.28%
	广安门外	1	1.28%
	小计	2	2.56%
郊区	通州	1	1.28%
	小计	1	1.28

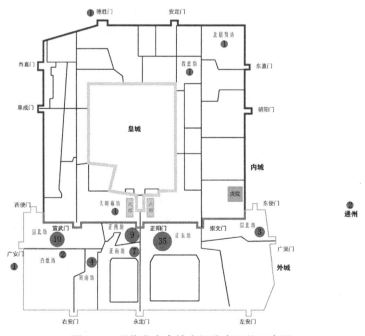

图 4-1　明代北京会馆空间分布区位示意图

（资料来源：明代北京坊巷图 http://yichenju.blogspot.jp/2009/10/blog-post.html）

4.1.2.2 清代选址：向商业中心集聚

1. 选址影响因素

1）清代官方城市管理法律的规定

清代，城市社会群体居住结构布局发生强制性改变，"旗民分城居住"，内城汉人迁出，只准满人居住。加上清代对于内城市民娱乐场馆建设的禁令（会馆也属其中），建于明代的内城会馆消失，而外城的会馆设置于外城靠近入城通道之处，集中体现在内城南边三座城门以南，清民谚有，"官员出入正阳门，士子出入宣武门，商人出入崇文门"，又如道光十八年（1838年），《颜料行会馆碑记》中云，"京师称天下首善地，货行会馆之多，不啻什佰倍于天下各外省。且正阳、崇文、宣武三门外，货行会馆之多，又不啻什佰倍于京师各门"，形成所谓"会馆皆在南城，北城无会馆"的格局（南城为外城，北城为内城）。

2）新的商业和文化中心的出现

新聚集核心区的出现，一是因为会馆数量的大量增加，老区已经无太多空地可建；二是和官员的聚集居住区发生变动有关，清代来京汉官，大都住于宣武门外（新区）。据《旧京琐记》云："旧日，汉官非大臣有赐第或值枢廷者皆居外城，多在宣武门外，土著富室则多在崇文门外，故有东富西贵之说。士流题咏率署'宣南'，以此也。"宣武区从低洼易涝地区进入大规模的建设期，清汉官在宣武门外的聚集形成了新的文化权贵圈，促进了琉璃厂文化中心的形成，乾隆三十七年（1772年），下令编修《四库全书》，全国大量文人学士汇集于此，琉璃厂书肆开始兴盛繁荣，随着刻书业的繁荣，也带动了文具、古玩字画产业的繁荣，琉璃厂成为北京书业文化中心。中低级士绅官宦居所集中，面向大众平民性书业的繁荣，这多元因素的共同作用，带动了大量面向公车的会馆在此修建，新的士绅会馆核心区在此形成，会馆和琉璃厂文化街区互为带动，形成了此区块正反馈发展效应。从明至清会馆的建设完成了从内城到外城，外城从东向西转移的过程。

2. 清代会馆选址布局和特点

从清代中期开始再次出现会馆重修和新建活动的高潮，建设活动围绕新老两个核心聚集区展开。老聚集核心区，即在原正阳门和崇文门老核心区的明代正东坊附近重建，空间结构上仍然强调和贡院以及六部的距离关系。新聚集核心区，即在正阳门和宣武门之间区域（北京西城区）新建，空间结构上强调和官员上下朝的六部与新形成的公共活动中心——琉璃厂的关系。两个核心区的会馆开发建设力度都很大。

清代北京士绅会馆空间分布如图4-2所示。

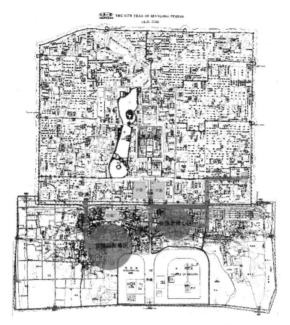

图 4-2 清代北京会馆分布示意图

4.2 士绅类型会馆建筑功能特征和建筑形制布局

相对于普遍性结构会馆原型的建筑功能，士绅会馆建筑功能构成相同，但不同功能构成部分的比例侧重有较大不同。各部分建筑功能构成在演变过程中，综合扩张和专门化同时发生。

4.2.1 建筑功能构成特征

4.2.1.1 馆宿：主要建筑功能，建筑面积所占比例高

1.接待对象的内部扩大

明中期会馆接待对象较为单纯，在《重续歙县会馆志》中这样记载，"创立之意，专为公车及应试京兆而设。其贸易客商，自有行寓，不得于会馆居住，以及停顿货物，有失义举本意"。会馆只供应试举子和官员暂时居住，没有官员编制的胥吏和官员家眷不能入内。至明中晚期，随着人口流动性的增强，对地缘乡情的明显强调，面向官宦公车的会馆接待对象放宽，逐渐扩张至胥吏群体。

清代中早期会馆接待对象仍限制严格，1882年《上湖南会馆新议章程》中对接待对象严格限定："会馆之设肇自先达。凡衡、永、郴、桂四属乡会试，选拔优贡，朝考恩，

副岁贡，别项考试，以及新用京官，现充教习，并候补、候选与外任，陛见奉差到京者，可居住。其有虽系生监，并不进场；名为需次，并不投供，以及工商医卜星象并入都京控之人，该不准居住。"至清中晚，胥吏、官员家属已经成为士绅会馆的接待对象，会馆常年的入住率大大上升，增加了会馆的馆租收入，经济刺激下会馆建设数量大幅度增加。

接待住宿为明清士绅会馆的主导功能，随着后期对于士绅内部群体的接待对象扩大化，其主导功能进一步加强。

2. 馆宿建筑面积比例的动态平衡

士绅会馆的核心功能为馆宿。一方面在单栋会馆建筑中馆宿区建筑面积比例大，另一方面也刺激了会馆栋数的直接增加，常常直接并购周边民宅扩大总建筑面积。随着入住率提高，单价住宿费对应上涨，上涨到一定的值之后，则失去了士绅会馆的福利特征，为平衡福利特征，价格稳定，建筑扩张停止，馆宿面积达到比例平衡。

4.2.1.2 祭祀：核心建筑功能，祭祀对象演变，祭祀面积恒定

1. 祭祀对象的变化

1）儒道佛三家合流会祀

士绅会馆中的祭祀渊源为儒家祠祀，早期士绅会馆中亦以儒家忠贤为主，但到后期出现了佛道儒三家群祀的特点。但总体来说，还是以儒家祠祀为主导，与工商会馆和移民会馆会祀群神终有所不同。

京师士绅会馆中祭祀对象亦为多样，主祀对象除地方儒家先贤亦有后期博鸿达儒配享，兼或有捐资建造人，如1838年《修改黄陂邑馆南院记》中载："乙丑春，敬立神座，中祀文昌，司科名也；旁祀二程，尊先贤也；从祀星六方伯，报义举也。"通过主祀—旁祀—从祀三重等级，将掌管功名的神灵、先贤、捐资人（君贤义）统一考虑，极其周到。

随着历史的发展，祭祀对象与日俱增，其祭祀方式也日益显现出时间有序管理特征，统筹安排轮流祭祀，如在1826年的北京《绩溪会馆规条》中明确规定："每年正月十三日上灯恭祀众神，正月十八日恭祀汪越国公，二月初三日恭祀文昌帝君，五月十三日恭祀关帝圣君，九月十七日恭祀福德财神。"这意味着会馆祭祀活动在时间上参照官方祭祀时间表（根据自身需求简化侧重），在空间上使用同一个场所祭祀不同对象，场所复合化。

会馆祭祀场所复合化，体现了士绅公车"祭祀为重，神事优先"的儒家观念，以及对于国家祀典规定的尊崇。会馆祭祀场所复合化，其祭祀对象从早期地方忠贤到后期扩展，普遍增加关帝和文昌帝作为祭祀对象。

2）普遍祭祀关帝和文昌帝

关帝和文昌帝"文德武功允相配"成为清代中后期各寺庙会馆的普遍祭祀对象。

士绅会馆也祭祀儒家所指忠勇之关帝，但更侧重普遍祭祀代表文运的文昌帝君。

对比明清两代国家祀典，可见清代官方祭祀对象大幅度增加，和会馆关系密切的祭祀对象的变化是出现了关帝和文昌帝祭祀的普遍化。两帝得到朝廷的大力提倡，并不断加封，提升其祭祀等级，出现了上层官方祭祀和下层民间崇拜共同繁荣的局面。清代祭祀等级发生较大变化，如《清史稿·志五十七》云："乾隆时，改常雩为大祀，先蚕为中祀。咸丰时，改关圣、文昌为中祀。光绪末，改先师孔子为大祀，殊典也。"京师会馆中出现祭祀两帝的过程和清帝的推崇在时间上同步。

文昌帝崇拜由于"司人禄籍"，故在京师士绅类型的会馆中崇奉亦多。

（1）文昌帝崇拜

"文昌"原指上古天上星宿，紫微宫里星君，下辖六星（上将、次将、贵相、司命、司中、司禄），职能广泛，后期职能专门化为"管理文运"，再进一步简化为"司人禄籍"，和北斗中之四魁星合称"五文昌"。宋代四川地方神祇梓潼神（树神、蛇神、雷神）张亚子被宋帝加封建祠，名文昌宫祠。元代元仁宗将文昌和梓潼神张亚子合体，敕封"辅元开化文昌司禄宏仁帝君"，至此称"文昌帝君"，故此天星神、自然神和人神三位一体。明代各地开始修建文昌宫庙，振兴文运，同时明代书院兴建亦多，书院中建文昌祠、文昌阁供奉文昌帝君，并祀魁星。

清代，因有儒学大家认为文昌帝古往今来未见于祀典，却在学宫中和孔子一起祭祀，大为不敬，在康熙、雍正时期以淫祀禁止。直至嘉庆六年（1801 年），显灵有功，方将文昌帝纳入祀典，《清史稿·志五十九》载："仁宗谒九拜：'帝君主持文远，崇圣辟邪，海内尊奉，与关圣同，允列入祀典'。"祭祀等级如关帝。文昌崇拜代表"忠、孝、仁、义"的价值理念，士绅会馆及与文化相关的行业性会馆中皆有文昌帝祭祀，具体见表 4-4。

北京会馆中的文昌祭祀　　　　　　　　　　　　　　　　　　表 4-4

省份	会馆名称	性质		祭祀对象				建筑用房	备注
		工商	士绅	文昌帝君	孔子	乡贤	捐馆及建馆有功之人		
河北	河间会馆		●	▲		●		神位	乾隆三十五年（1770 年），《河间会馆值年值客条规》："酌定今塑有文昌魁星并朱衣大士，在三处供奉，每年春秋二祭，三牲祭品俱动公项，值客承办。"
湖广	湖广会馆		●	▲				殿	道光十年（1830 年），《重修湖广会馆碑记》："今春正月，公议重修，升其殿宇（文昌阁），以妥神灵（文昌帝君），正建戏楼盖棚，为公宴所。"
	黄陂邑馆		●	▲	●	●			道光十八年（1838 年）《修改黄陂邑馆南院记》中载："乙丑春，敬立神座，中祀文昌，司科名也；旁祀二程，尊先贤也；从祀星六方伯，报义举也。"

省份	会馆名称	性质		祭祀对象				建筑用房	备注
		工商	士绅	文昌帝君	孔子	乡贤	捐馆及建馆有功之人		
湖广	上湖南会馆		●	▲		●	●	阁	咸丰二年（1852年）《重修上湖南会馆并新建文星阁记》中记载了上湖南会馆文星阁的建造，"首移忠洁祠东厢六间之三于西……建厅事于祠之南，南向建文星阁……阁之南缭以长垣。"光绪八年（1882年）《上湖南会馆新议章程》中规定："晖照堂、魁星阁（文星阁）、瑞春堂、陈公祠、各圣神先贤处，每逢朔望，令长班恭备香烛，请值年及住馆之人，行礼，其费在存项内支取。"
江苏	惜字会馆	●		▲	●			殿	同治十三年（1874年）《梁家园惜字会馆重建文昌殿碑记》："园地故下，庚午多雨，文昌殿基没于水，乃醵资改建，复建前殿以奉至圣先师，增西厢三楹为同人栖息之所。"
江西	吉安惜字会馆	●		▲					以文昌君为行业祖师爷进行祭祀
	南城东馆		●	▲					1947年《南城东馆总登记表》："本馆附有西馆一所，在魏染胡同三十七号，全馆以出租作收益，月收房租金支付馆役工资又祭祀（文昌）香费及修葺房屋之用。"
北京	北直刻字行公会文昌会馆	●		▲				庙殿	同治三年（1864年）："于同治三年，置买沙土园路西火神庙一座，添修文昌会馆，名为北人公会之地……供奉文昌帝君、火帝真君朔望拜跪，以肃观瞻。前六家值年，轮流经理，每岁二月初三日文昌圣诞，演剧团拜，共襄盛举。"光绪二十四年（1898年）《重建文昌祠记》："今天下自国都至于郡县，得通祀者，惟社稷之神，与学之先圣先师，而文昌帝君居其一焉……今北直刻字行等，恐春秋祀典历久而忘也，爰于光绪廿三年十一月四日，用金陆百两，购得正阳门外樱桃街饭子庙故址，共殿宇十三楹。稍加修葺，择后殿设位祀焉，礼也。"
福建	龙岩会馆		●	▲					乾隆时期，《龙岩会馆规约》："祭祀本馆文昌帝君神位，每岁神诞，公备香烛牲醴致祭，先期布告，至期行礼。"

（2）关帝和文昌帝在会馆中的同时祭祀

同时祭祀二帝的会馆以士绅公车会馆为多，往往配以乡贤共祀，如表4-5所示。

北京士绅会馆中的关帝和文昌帝二帝祭祀   表 4-5

省份	会馆名称	性质		祭祀对象				建筑用房	备注
		工商	士绅	文昌帝君	关圣帝君	乡贤	捐馆及建馆有功之人		
安徽	绩溪会馆		●	▲	▲	●		厅堂	嘉庆十九年（1826年）《绩溪会馆规条》中规定："每年正月十三日上灯恭祀众神，正月十八日恭祀汪越国公，二月初三日恭祀文昌帝君，五月十三日恭祀关帝圣君，九月十七日恭祀福德财神。"
	泾县会馆		●	▲	▲			厅堂	嘉庆二十二年（1817年）《泾县会馆新议馆规》中规定："议老馆设立关帝神像，新馆设立文昌神位，每值诞辰，值年人通知同乡在京者，于清晨齐集，拈香备品祭奠，午后享余既以虔祝神寿，亦得共叙乡情，其席临时按人数备办，每席亦以二千五百文为率，不得过费。" 1948年的《泾县会馆管理章程》中规定："本馆召集同乡大会按照向例每年举行两次，一在春季农历二月间公祭文昌。二在农历五月十三日公祭关帝。"
广东	韶州会馆		●	▲	▲	●		厅堂	同治七年（1868年）《韶州新馆记》："设正厅神龛，中祀奎宿星君、文昌帝君、关圣帝君，奉神灵也。左祀濂溪周元公景，名臣也。右祀张文献公、余忠襄公，慕昔贤也。"

2. 祭祀场所

士绅会馆中祭祀文昌帝，主要在祭祀堂寝之后设立文昌阁，或辟一神龛，或设一屋堂形成祭祀之所，随时随地可祭，以求护佑，两帝祭祀也类同。会馆由于祭祀场所复合性之特征，此做法尤其普遍。

4.2.1.3 厅事：保持传统集会议事之功能，展示性增强

士绅会客大厅一般设置于前堂，禁喧嚣，庄重严肃，用于正式会客、集会、团宴、展示。

1. 场所的安静性要求高，禁喧嚣

前堂的集会活动主要有以下几种：会试举子登科、达官入京、祀神和新年团拜。集会方式包括列坐、聚餐（祀神之后往往午后有饮福礼）和演戏。如团拜，民国铢庵的《北梦录》所云："京城之有会铺，由来甚久，即汉代郡国邸之遗意……岁首张筵鼓吹，名日团拜……凡团拜以及同乡公事皆于此行礼，所以联桑梓之情释羁旅之怀也。团拜

于新正三日行之，分曹互拜列坐，三品以上序爵，以下序齿，每科新进士自他处行贺于此，拜礼如之，列坐则推之居上，乃前辈援引后辈之意。"团拜之后往往演剧，开始为堂会，后来逐渐增加前院的戏台部分，这在会馆的戏台部分中予以阐述。

2. 场所的展示性增强，突出地域特点

前堂和大门之后的前部庭院成为地方科举人物功名文化的重要展示场所。大厅前入口庭院，立碑刻，碑文内容一般为本乡进士姓氏名单，或者本馆修建的馆志。前堂放置达官进士所题写的匾额、楹联、墨宝，清末吴恭亨《对联话》中云："清故事，凡会馆例陈隶馆籍人官衔为牌。长沙馆独云状元、榜眼、探花、传胪、侯爵、伯爵、子爵、男爵。"展示有利于激励科举进取之心，并能加强本乡人士的乡谊之情，显示官宦士绅的文采胸襟和地区文化特点，如陕西省湖南会馆所题楹联："维楚有材，于茲斯馆"，京城湖广会馆左宗棠所题楹联："江山万里横天下，杞梓千章贡上都"，皆为雄浑胸襟，上好佳句，同时也有展现强烈地区文化传统的，如京城江西省江安会馆楹联云："俱是宦游人，从大江南北来，追忆昔贤，犹传鹿洞学规，蠡滨政迹。曾为持节使，登匡庐左右望，瞻言故里，如见白门烟树，黄海云涛"，展示也显示出官宦群体的褒贬善恶的价值取向，如况周颐的《续眉庐丛话》中记载道："文正之督直隶也，因法教士丰大业一案，以天津守令遣戍，颇不满于众望。湘籍京官联名致书诋顸，并将湖南全省会馆中所有文正科第官阶匾额悉数拆卸，文正郁郁无如何。"

4.2.1.4　娱乐：功能扩张，堂会演戏为主

士绅会馆中演戏主要伴随于两类活动：一为宴饮；一为祭祀。

为宴饮举行的演戏活动主要在厅堂中或厅堂前庭院中举行，即堂会演戏，属于厅事一类，其演戏场所附属于大厅，是大厅之扩展，后发展成类似于茶园演剧的室内剧场，如北京正已祠及湖广会馆。明末，交际、庆典、玩赏性的演戏活动，成为士绅会馆宴饮堂会的主要活动，士绅会馆奠定了会馆中堂会演戏的传统，室内演剧固定化。随后，士绅会馆内出现院内戏台，与王府等宅邸之内戏台产生同步。

而为酬神举行的演戏活动，其演戏场所则面向神殿（祠），具有神庙剧场之特征。清中后期，随着祀神活动的兴盛，面向神殿的戏台和戏楼亦大量兴建，演戏功能得到进一步强化，固定演戏场所的戏台和戏楼成为会馆的重要建筑组成部分。同时，具有罩棚的戏台和戏楼在商业会馆中出现，反向影响士绅会馆，京师之中会馆演戏出现室内剧场化特征。

清末民初，会馆演戏场所在宴饮和祭祀两项活动的推动下，建筑形制最终形成。

1. 清代官员娱乐场所禁忌和士绅会馆中堂会演戏的兴起

随着明清戏曲活动的发达，戏曲生活深入普及全社会，明代城市商业演剧还未出现固定演出场所，清代康熙年间开始出现固定演出场所，即酒楼戏院和茶楼戏院。为满足不同层次需求，有戏院和戏庄之区别，但官宦之家不屑也不能出入市民戏园，府

邸中的堂会演出发达,晚明官宦之家盛行豢养私人戏班。

至清代,朝廷对于官员和旗人出入娱乐场所观看演剧的禁限尤其严厉。清代内城为旗人居住区,康熙十年(1671 年)谕令"京师内城不许开设戏馆,永行禁止",雍正时期开始,"禁外官畜养优伶"❶"士大夫相戒演剧,且禁蓄声伎。至于今日,则绝无仅有"❷,乾隆期间,"实贴各戏院、酒馆、禁止旗人出入"。禁令虽严,但在强大的社会需求下,监管效果却甚微,官宦欣赏戏曲的场所转向官方所允许的会馆,聘请职业戏班,会馆成为面向官宦对象的固定戏曲演出场所,如徐珂在《清稗类钞》中写道:"乾隆丁亥,江苏布政使胡文伯禁戏园,商贾乃假会馆以演剧。至光绪时之戏园,则皆在阊门外矣。"演剧在团拜和祭神之后举行,"官宦集体性的观剧活动风行京师内外,这是清代官僚社会生活的一个侧影,也是演剧史上热闹的一幕"❸。官宦集体性观戏的需求,刺激了会馆数量的扩张,但清中早期仍然是以在前堂的堂会演戏为主,到清末期风气渐开,京师由于两次鸦片战争和太平天国运动冲击,社会秩序受到较大破坏,士绅会馆内戏楼的修建才开始(对比于大量的早已修建戏楼的商业性会馆),反映出朝廷对于官员以及戏楼禁限的长期影响。但会馆中修建戏台的风尚却早已深远地影响到全国。

在"内城禁喧嚣"和官员不能进歌舞酒楼等娱乐场所的禁令下,官员在会馆内团拜堂会和酒宴活动盛行,民国徐一士在《过眼录》中写道:"清例,官员不得入剧园酒馆,处分綦严。如遇团拜,在会馆观堂会戏则可,宴集在饭庄则可,饭庄皆名某堂,招牌上书'包办筵席'四字。"每地会馆演戏往往在中举放榜后、团拜以及会馆祭祀对象的华诞以及相关节日举行。清后期各地会馆数量大增,各会馆的堂会演戏活动此起彼伏。会馆区聚集区成为堂会演戏的繁荣地段,其繁荣程度、景况,在嘉庆时期包安吴的《都剧赋》中可见,"闲步大栅,茶园卖剧;市过骡马,堂会召客(按:骡马市湖广会馆,今尚为堂会集中最繁盛处)"。

2. 堂会演戏场所

堂会演戏,因宴而起。所谓"堂会",清末《梦华琐簿》中云:"堂会谓戏庄公宴及第宅家宴、会馆团拜也。"可见堂会演戏和"宴客"关系密切,有"宴"方有"堂会",堂会的演出方式源于古代的"宴乐"。"宴乐"时,主客围坐吃酒看茶点,艺人演出。主客吃喝评赏随意不拘,充分显示了封建的等级制度。

堂会演戏场所具有内向封闭性,但在室内并不固定的位置,仍有中国古代艺人"撂地为场"之旧俗遗痕,一般在厅堂内,或厅堂前的庭院里,所谓"堂下",也有在正厅对面的对厅或门屋。其场地的观赏演出布局,如图 4-3 所示。❹ 场所中往往会通过屏风来区分表演区和后台区。

---

❶ 雍正上谕内阁。

❷ 徐珂. 清稗类钞 [M].

❸ 李静. 明清堂会演剧史 [M]. 上海:上海古籍出版社,2011:116.

❹ 周华斌. 中国戏剧史论考 [M]// 中国古代戏楼研究. 北京:北京广播学院出版社,2003:309.

士绅会馆中堂会演戏的固定化，说明演戏场所的固定化。

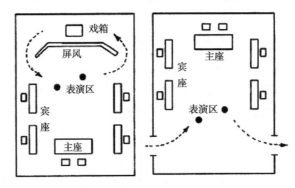

图 4-3　堂会演出的基本布局
（资料来源：周华斌．中国戏剧史论考 [M]．北京：北京广播学院出版社，2003．）

3. 士绅会馆中堂会演戏的场所特点

"中国传统戏曲以流动演出为特征"❶。戏曲艺人随处作场成为演出传统。流动戏班的演出场所分为三种模式：开放型广场（庙会、露台）、封闭型厅堂（堂会演乐）和专业化剧场（勾栏乐棚）。会馆成为流动艺班的固定演出场所，包含三种演出场所模式。开放型广场演出主要是在移民性和商业会馆中，而后两者则为京城会馆演出的主流。

1）观众群体的特定化

明清会馆堂会演戏大部分是不同戏班上门服务，即"喊戏定班"，也有家养戏班专门服务的，具有观众群体的圈子性（特定小众）、剧目演出的菜单性（点戏）、演出场所的内向封闭性三大特点，此三大特点正和士绅会馆的身份特征和内在需求相吻合。

明清堂会演戏，是权贵婚丧嫁娶贺寿庆典的重要娱乐活动，演戏活动日益频繁，如《梨园旧话》中云："余虽未预演剧寿筵，而堂会演剧，每岁必预二三十次。"

2）堂会演戏的扩大化和日常化

士绅会馆的演戏活动主要是在进士及第之后的庆贺演出及新年伊始官员之间的团拜活动之时，具有时间上之特定特征。

但随着明代开始戏曲演出的进一步市民化和普及，明代末期会馆开始上演各种剧目。会馆演出对外开放，接待对象并不局限于同乡人士。在祈彪佳❷的《祈忠敏公日记》中写到去会馆听戏的有以下几条：

"崇祯五年（1632 年）八月十五，出晤钟象台、陆生甫，即赴同乡公会，皆言路君子也……观《教子》传奇，客情俱畅。"

---

❶ 周华斌．中国戏剧史论考 [M]// 中国古代戏楼研究．北京：北京广播学院出版社，2003：299．

❷ 祈彪佳（1602—1645），浙江人，1622 年（天启二年）中进士。

"崇祯六年（1633 年）正月十八，午后出于真定会馆，邀吴俭育、李玉完、王铭韫、水向若、凌铭柯、李肴磐斋饮，观《花赚记》。"

"崇祯六年（1633 年）正月二十二，赴稽山会馆，邀骆太如、马擎臣先至，再邀潘朗叔、张三峨、吴于生、孙湛然、朱集庵、周无执饮，观《西楼记》。"

文中主人公在年节期间，去不同的会馆（真定会馆——河北会馆、稽山会馆——浙江绍兴会馆）看戏，说明明末戏曲演出已是会馆日常活动的重要组成部分。根据堂会演出频次和上座率的不同，不同地区的士绅会馆演出场所在三种模式中各自发展。

4.2.1.5　殡葬：面积的扩张和与会馆空间上的分离

会馆接待对象的扩大化，体现在对其同乡事务管理范围的扩大化，反映在建筑场所上的指标之一为义园面积的极速增加。

"义地"和"义园"的重要区别在于其面对对象不同。"义园"是早期士绅会馆所立，公车虽穷却有社会地位，义园有专人看管，管理较为严格，而"义地"则只是面对穷苦百姓，免于死无葬身之地的惨况。义园和义地在空间上和会馆离得较远，会馆主要作为一个组织机构进行购买葬地、组织殡葬相关事宜。其建筑和空间上的关联可以类同于乡间祠堂和墓地的关系，即会馆多用于停殡暂存，而义地为安葬。

4.2.2　建筑形制布局

4.2.2.1　建筑形制布局特点

清中期，传统士绅会馆建筑类型在建筑功能发展的基础上主要体现在各自建筑功能区以下几个演变特点：

（1）馆宿区的建筑面积进一步扩大。

（2）祭祀区面积大小和结构比例相对稳定，部分会馆有缩小的趋势，但祭祀神灵的密度增加。士绅会馆本身服务于科举，故在清中后期，祭祀区内含文昌君祭祀。

（3）厅事区建筑功能较为稳定，保留传统的"厅堂"作为议事区。

（4）娱乐区由于朝廷禁令等原因，固定的戏台和戏楼罩棚建设不多，仍以堂会观赏为主，娱乐活动区包含于厅事区中。

（5）殡葬区建筑面积适当扩张，在南方地区会馆中体现明显。

传统士绅会馆，馆宿和祭祀仍为其核心建筑功能。北京人口繁密，地价昂贵，典型四合院的基本格局和规模受制于城市布局控制，无法新建大规模建筑院落群，于是根据省府郡的进一步的功能细化，省级的士绅会馆的建筑用途主要转至议事和祭祀，馆宿功能分化出来由下一层级府郡会馆承担。

4.2.2.2 改扩建建筑布局

明清早期士绅会馆主要集聚在北京，实体房屋主要为旧房的改扩建。新建会馆建设活动发生在清中后期。

改扩建的会馆其原有建筑来源有二：一为拓祠为馆；二为舍宅为馆。

1. 拓祠为馆的拓展性布局

以祠为中心进行扩建，体现了会馆建筑功能中祭祀为起源的核心功能。在后期的会馆建筑功能演化中，其他建筑功能或强或弱各有变化，但是祭祀功能的核心地位没有根本性的撼动。

以祠为中心的改扩建布局方式主要为拓展性扩建。具体方式有两种，一种为空间贴临，另外一种为空间隔离，内在关联。贴临方式最常规的做法即将其他建筑功能性用房环绕周边加建，形成新的会馆建筑群。如《山阴会稽两邑会馆记》中云："吾越之有会馆，最初曰稽山，仅酿祭为社耳。拓而为绍郡乡祠，乃始可以馆士。"同时，也会出现由于地价昂贵或房屋产权更替等，无法直接在原馆周边扩建，只能另择新地建新馆，新馆只在机构组织上属于原会馆，在空间布局上已无关联。以祠为中心改扩建的典型建筑布局如图4-4所示。

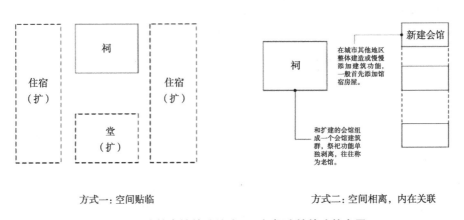

方式一：空间贴临　　　　　　　　　　方式二：空间相离，内在关联

图 4-4　士绅会馆的改扩建——拓祠为馆的建筑布局

2. 舍宅为馆的适应性布局

明清早期北京大量士绅会馆皆为舍宅为馆，如北京最早的芜湖会馆、全楚会馆，"俞谟，在京师前门外，置旅舍数椽并基地一块……归里时付同邑京官晋俭等为芜湖会馆"。"今京师全楚会馆，故江陵张相第也，其壮丽不减。"舍宅为馆作为会馆的主要来源，贯穿于会馆发展的全过程。舍宅人士主要为北京士绅官宦，此类会馆和北京的中下级官员的住宅混合杂处，其改建建筑布局方式为以北京四合院民居为基础改扩建。

士绅会馆建筑的内在建筑功能的改扩建，有两个出发点。一为以馆宿功能为主，尽可能增加住宿单间的数量，扩大住宿区。其改造方式为充分利用倒座、东西厢房和耳房，大量占用院落空间，且改造时为增加馆宿面积，改变建筑朝向，将四合院民居中坐南朝北向转为东西朝向。此类会馆虽来源于民居，却和周边的建筑民居在建筑肌理、建筑朝向、建筑平面尺度上展现出不同特点。二为保留祭祀核心空间，无论面积如何紧张局促也必定留出足够大的祭祀区。舍宅为馆的改建布局，代表性案例为北京宜昌会馆。

"北京宜昌会馆也称宜昌郡馆，民国后改称宜昌七邑馆。建于清朝末年，位于北京珠市口西大街 247 号（虎坊桥大街）"，在清代此街区属于宣武坊，为会馆和民居杂合之处。"骡马市大街即南大街有直隶、三晋、中州诸会馆。迤东有桥，曰虎坊桥，明虎房遗址也……有福州、湖广、宜昌、三原、襄陵、曲沃、杭州诸会馆。"北京宜昌会馆房屋在 2000 年拆除。该建筑原为北京四合院住宅，后来改建成会馆。正是因为该会馆和民居杂处的特点，所以可以通过建筑平面布局的对比，分析出明清早期会馆建筑舍宅为馆的布局特点。宜昌会馆的建筑布局和分析图，如图 4-5 所示。

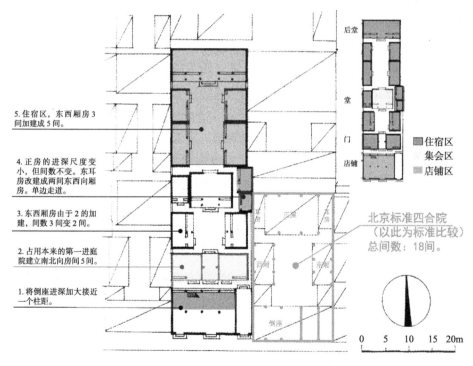

图 4-5　北京宜昌会馆改扩建建筑平面分析

宜昌会馆舍宅为馆的改建布局，通过和东边相对典型的一进四合院，以及参照西边的非典型的三进二院落的四合院的平面进行对比，可以得出以下几个结论：

第一，以馆宿功能为主。前小后大，即公共区较小，而后部的住宿区较大。增加单间数量，减少单间面积。馆宿区为四合院的二进院落，整体幽静。

第二，临街入口部分考虑会馆沿街的对外公共性。从其加大进深，对外开门，内部设置楼梯的建筑布局来看，结合其地址，其建筑功能可能为临街商业店铺，为会馆的经济功能的体现。在其后加建了会馆新的入口大门，第一进院落面积因此被侵占。

第三，布局中未见祭祀区域。根据朱子祠堂制度推敲，猜测在厅堂的东壁设立神龛。

可见，以北京四合院为原建筑改扩建而成的会馆，对于原四合院住宅，仍存在改造的适应性问题。从居住到接待馆宿，都为住宿，建筑功能转化不大，只是使用人群对象和数量发生改变，导致单独隔间数量增加，单间面积减小，总住宿建筑面积比重占到总建筑面积的七八成。而对于厅事公共活动，原厅堂空间相对人数增加面积过小，祭祀活动区设置也较为简便，故此，在新建的会馆建筑布局中，上述问题都得以考虑予以解决。

4.2.2.3　新建典型布局

新建会馆有完全新建的会馆和购买原建筑后，大规模拆除，然后进行改建的会馆两大类。根据规模的大小，可以分为小型会馆和中大型会馆。小型会馆主要为一列院落，而中大型会馆为二列以上院落东西并置形成。

明清早期新建馆主要为单列式小型会馆，在清早中期的会馆形成期，主要集聚于北京宣武门外的宣武区，该地区为平民住宅和汉族中下级官员住宅区，四合院布局形式较为混杂，类型繁多。根据明清所确立的民居等级制度，正房不能超过三间，故一列院落宽度为三正二耳，即面阔五间，宽度约为五丈，而长度可从八丈到二十一丈。小型会馆的建筑为前后布局，入口大门，前院以中部大厅为公共区域，厢房环绕布局，后部仍为住宿区，基本类同于直接通过四合院改建的会馆，但由于是公共性质建筑，在四合院布局上大都二进四合院落以上，其参照实例见上文所举北京宜昌会馆、北京江苏宜兴会馆及北京南昌会馆（清雍正二年所建部分），如图4-6所示。

对比典型四合院建筑布局，则早期小型会馆的自身建筑布局特点体现在以下几点：

（1）建筑密度更高，院落面积挤压。传统北京四合院的院落面积率为30%～40%，而会馆的院落面积率缩减到25%以下。

（2）住宿为重，公共集会区域面积为总建筑面积的25%～30%，住宿区域面积为50%～60%。四合院中三间正房固定为集会大厅，成为早期小型会馆的公共区域中心。

（3）会馆四合院布局中亦折射出地方民居特点。如北京南昌郡馆为江西地区会馆，江西地区民居东西厢房不住人，尺度狭小，故在建设中，注重正房，而厢房尺度缩成一间。而在其他地区会馆建设中，厢房的这种变化并不明显。

在明清早期，新建会馆建筑布局主要为小型单列式会馆，到清中后期之后，会馆建设进入大力发展期，随着建筑布局的演变，大型多列并置式会馆才出现，主要体现在公共集会区的扩大，单独为一列院落，住宿区域为一列或两列院落，如北京安徽会馆的三列式布局，如图 4-7 所示。这表明从明清早期发展到清中后期，会馆建筑布局出现了复杂化、祭祀功能进一步加重、集会娱乐功能上升、住宿弱化的趋势，即从居住类建筑向公共建筑转型。

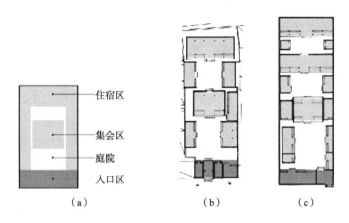

图 4-6　新建会馆典型布局

（a）新建会馆建筑一列典型建筑布局；（b）新建二进四合院布局——江苏宜兴会馆；

（c）新建三进四合院布局——江西南昌郡馆

（资料来源：底图源自孙兴亚，李金龙 . 北京会馆资料集 [M]. 北京学苑出版社，2007）

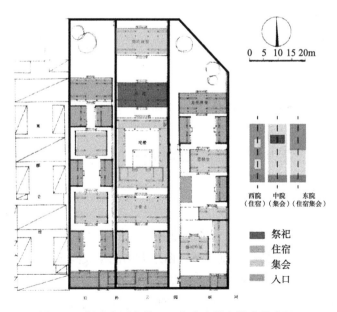

图 4-7　新建大型会馆——北京安徽会馆建筑布局

（资料来源：底图源自孙兴亚，李金龙 . 北京会馆资料集 [M]. 北京学苑出版社，2007）

4.3 明清他乡江西士绅类型会馆建筑特点和实例

明清江西士绅会馆，在京数量第一，馆产最多，其建筑选址、建筑功能、建筑布局、建筑形制、建筑样式特点具备在京明清会馆的所有普遍性特征。

在建筑选址上，和大多会馆类似，明代集聚于北京崇文门附近，清代转至宣武门—菜市口、宣武门—前门形成的 L 形区域附近。

在建筑功能和建筑形制布局上，早期小中型会馆皆以馆宿为主，大都为捐宅舍馆而来，和北京民居具有强烈的同构性；同时部分小中型会馆来源于祭祀的祠庙，江西士绅会馆中以祭祀儒家先贤为主，后期也有江西地方大儒群祀之现象，文昌祭祀在会馆中有所体现。厅堂除集会之外，展示性亦强，主要体现在厅堂的牌匾和大厅的楹联题写上。由于江西地方士绅文化过于强大保守，循规蹈矩，故此在会馆中兴建戏楼较为保守，直到清末民初方才兴建大型戏台。而对于殡葬义园尤为重视，除吉州府自设义园为特例外，其他府县会馆义园由江西省馆统一管理，选址和江西会馆空间上分离。具体殡葬方式按照古风习俗会馆堂祭，义园墓祭。

在地方建筑样式上，由于士绅会馆反映的是官方儒家精英文化，所以江西会馆在整体外部形式上并不会过多强调其地域性特点，而更多的是倾向于对北京大环境的融合适应，外部形式较低调。地方建筑文化的样式更多地体现在内部空间，如会馆馆产较大、庭院空间布局较多的情况下，会有江西地方园林的各种处理手法和建筑符号样式，隐含于祭祀对象、厅堂的文化匾额、楹联、演戏的戏曲唱腔等非物质文化层面。

明清他乡江西士绅会馆类型的特点如下所述。

4.3.1 江西士绅类型会馆的建筑特点

4.3.1.1 城市空间分布特征

江西士绅类型会馆主要存在于北京地区。在北京地区空间分布上具有数量巨大、省府县层级清晰、系统完备的特点，和江西地方书院建设同步。

从城市空间分布特点上看，江西会馆的基本布局特征是层级分明，同地域集聚。省级会馆因为规模较大，需要较大的占地面积，故在京师内外城核心聚集区皆有设置。府县级会馆，大都根据民居改建而来，故多设置于宣武区和民居混杂，同时呈现出以"府"为核心，同一府县会馆聚集的特征。在建设时间的先后顺序上，新会馆也基本在老会馆的周边进行扩改建，具有空间毗邻、联系紧密的特征。

对比于在其他城市或区域的单点或多点状设置特点，江西士绅会馆在京具有数量多、密度大、成片的特征。

1. 明代的在京江西士绅会馆（表 4-6）

明代北京江西士绅会馆数量分析				表 4-6
	县馆	府馆	省馆	小计 1
明早期	3	1	0	4
明中期	2	2	2	6
明晚末期	1	3	0	4
明代	1	1	0	2
小计 2	7	7	2	16

从时间发展上来看，江西省各级士绅会馆的建设顺序如下：明早中期，小规模的县级馆兴建。随后出现将祭祀祠庙转为府级会馆，该做法同样被省级会馆所采纳。明中晚期出现省级会馆。明晚期，府县级会馆建设出现一个小高峰。

江西省各府县会馆在京修建的积极性与江西各府县的科举活动紧密相关。明代江西省行政区划为 13 府，其中吉安、南昌、九江、赣州、袁州在京设立府馆，修建的数量和地方乡试中举数量成正比，如图 4-8 所示。中举人数越多则参与进京会试人士数量就多，对应的各府县会馆数量需求和建设也就多（表 4-7 ~ 表 4-9）。

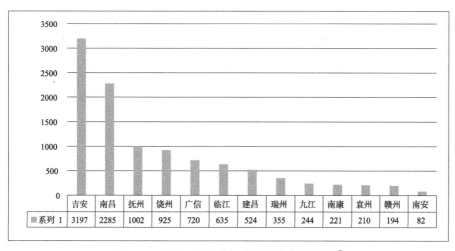

图 4-8　明代江西各府举人数量分布统计图 ❶

---

❶　姜传松 . 清代江西乡试研究 [M]. 武汉：华中师范大学出版社，2010：187.

明代江西省县级士绅会馆地域分布   表 4-7

排序	县	隶属府	数量	小计
1	浮梁县	饶州府	1	3
	余干县	饶州府	1	
	乐平县	饶州府	1	
2	上高县、新建县	瑞州府	2	2
3	南昌县	南昌府	1	1
3	吉州	吉州府	1	1

明代江西府级士绅会馆地域分布   表 4-8

排序	府	数量
1	吉安府	4
2	九江府	1
2	赣州府	1
2	袁州府	1

明代江西府县合计士绅会馆地域分布   表 4-9

排序	府 / 县会馆	数量
1	吉安府	5
2	饶州府	3
3	瑞州府	2
4	南昌府	1
4	九江府	1
4	赣州府	1
4	袁州府	1

2. 清代的江西士绅会馆

清代江西士绅会馆在京建设有一百多所，其省、府、县三级会馆的分化进一步加剧。在经济文化发达的传统地区南昌、吉安两府，伴随中举人数增加，下属县级会馆数量大幅度增加（表 4-10）。

清代江西省各府中举人数如图 4-9 所示。

清代北京江西各地域会馆统计表   表 4-10

地区	省级	府级	县级	小计 1
江西省馆	10	0	0	10
南昌府	0	2	19	21

续表

地区	省级	府级	县级	小计 1
吉安府	0	6	5	11
建昌府	0	1	8	9
抚州府	0	4	4	8
瑞州府	0	0	1	1
饶州府	0	1	5	6
九江府	0	1	2	3
袁州府	0	1	2	3
南康府	0	3	0	3
广信府	0	1	2	3
赣州府/宁都	0	4	0	4
临江府	0	4	1	5
南安府	0	2	0	2
小计 2	10	30	49	89

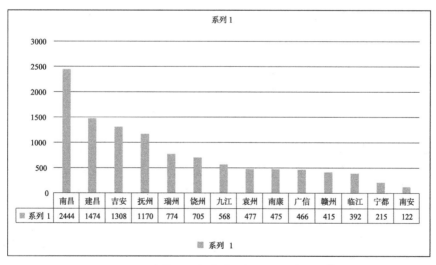

图 4-9　清代江西各府举人数量分布统计图 ❶

　　江西在京各级会馆，基本以服务科举考试为出发点。明清时代，同样服务于科举考试的建筑有书院建筑。将江西本土地方书院设置数量和会馆数量进行对比，会发现存在着大致一一映射的正比关系，如表 4-11 所示。

❶　姜传松 . 清代江西乡试研究 [M]. 武汉：华中师范大学出版社，2010：206.

清代江西各府在京会馆和本土书院数量❶对比 表 4-11

序号	各府	在京会馆数量			本土书院数量		
		明	清	小计1	小计2	清	明
1	南昌府	1	21	22	105	63	42
2	吉安府	5	11	16	182	94	88
3	建昌府	0	9	9	37	13	24
4	抚州府	0	8	8	31	14	17
5	瑞州府	2	1	3	24	15	9
6	饶州府	3	6	9	69	28	41
7	九江府	1	3	4	26	14	12
8	袁州府	1	3	4	54	37	17
9	南康府	0	3	3	17	9	8
10	广信府	0	3	3	46	12	34
11	赣州府/宁都	1	4	5	69	35/15	19
12	临江府	0	5	5	22	12	10
13	南安府	0	2	2	11	6	5
14	省级	2	10	12	0	0	0
	总计	16	89	105	693	317	326

从上表可知，本土书院建设中，江西传统经济文化发达地区吉安、南昌、饶州建设最多，对应在京师的会馆建设中也建设数量最早、最多。饶州的余干、乐平会馆在京设立最早。而南昌、吉安两府郡所设立的会馆占据江西省地域会馆的半数，是江西本土重科举在京师的直接体现。

上述数量来自于各文献记载，变迁之时，多有叠合。新中国成立之后，根据1951年江西省管理委员会的财产报告，"江西省在京会馆共有五十六处，附产八十余所，房屋约有三千间，为本市财产最多之会馆"❷，应为当时的可查的遗留。1953年，馆产归公之后，最后确定为九十余所，"我会接受省馆，及各府县暨附产，计有房产九十余个单位，房屋二千三百九十余间（连门道过道厕所在内）"❸，大致和上表所统计数量符合。

4.3.1.2 省府县士绅会馆的建筑功能偏向特点

江西士绅会馆因科举候官而盛，但省府县三级会馆在建筑功能上皆各有侧重。

❶ 李才栋.江西古代书院[M].南昌：江西教育出版社，1993：273-356/369-449.
❷ 北京市档案馆.北京会馆档案史料[M].北京：北京出版社，1997：1174.
❸ 同上：1179.

1. 省级会馆

从建造时间上看，江西省级会馆建造时间并不最早，而是以馆宿为主的府级会馆出现之后，略在清早中期之后才出现省级会馆，省级会馆的馆宿功能并不为主，而是以集会和祭祀为主，是江西省在京的重要民间公共建筑，对外的公共性最强。江西士绅会馆祭祀中，一直保留传统儒家祭祀之特征，祭祀演变较为保守缓慢。娱乐方面，民国之后，江西省级会馆才兴造大型戏台。

2. 府级会馆

各项建筑功能都较完备，为江西在京士绅会馆的典型模式。江西府级会馆在祭祀组成上往往以地方性的祭祀祠庙为原型。

3. 县级会馆

早期主要为经济实力较强大的县而建，如明代的浮梁县；在清中后期，江西本地各县经济和科举实力发展之后，陆续建造数量开始上升，其主要建筑功能为提供馆宿。

4.3.2　江西士绅类型会馆建筑分类和实例分析

江西士绅会馆建筑类型，根据主导建筑功能的不同，各有侧重，可以分为四个亚类：第一类是以儒家祠祀为核心建筑功能的士绅会馆，以原乡祠庙为原型，即祠祀性士绅会馆；第二类为普遍会馆结构，馆宿功能为主的馆宿性士绅会馆；第三类为以事务娱乐为主的事务性士绅会馆；第四类为各项功能之综合的会馆。

4.3.2.1　类型 B-I: 原乡祠庙原型之祠祀为主的士绅会馆

该类士绅会馆出现较早，和儒家祠祀建筑类型渊源密切，原型为原乡祠庙，一般直接由祠庙建筑转化而来，以祠为中心，建筑功能上不安排住宿。此类会馆，祭祀对象为地方儒家先贤，如怀忠会馆、谢枋得祠、吉安二忠祠，祭祀对象分别为（宋 / 江西吉安）文天祥、（宋 / 江西弋阳）谢枋得、（明 / 江西吉安）李邦华，此三位为江西会馆省级祭祀对象，场所和祭祀活动都严肃慎重，特别强调先贤的忠君爱国，凸显江西乃"文章节义之邦"之特点。此类会馆以祠为核心，周边加扩建而成，形成大规模建筑群落，并会购买周边大量房产成为附产。下文以谢枋得祠（江西会馆）为例分析论述该类型士绅会馆的各项建筑特征。

谢枋得祠位于现在西城区法源寺后街 3 号，明景泰年间所建专祠，祠堂大门门额上书"谢文节公祠"，内悬牌匾"薇馨堂"。"祠堂内有戏楼、花园、亭阁、宏慈院等建筑。谢公花园在祠堂的西北角，宏慈院在东部跨院。祠堂归江西会馆管辖。这里曾为广安中学、实验女子中学校址。以后祠中建筑多毁建或改为民宅，现仅存 5 号院内一座二层砖木结构的小佛楼，尚有数十间带走廊的房屋是原物，而戏楼早已拆掉，大殿现为某厂幼儿园占用" ❶。

谢枋得祠作为江西士绅重要的祭祀场所，被江西士绅重点维护，百年间，江西同乡会组织在其周边大量购置房产，中华人民共和国成立后所查的江西会馆房产，其中三处附产位于谢枋得祠周边，分别是法源寺后街 5 号，房 6.5 间；法源寺后街 2 号，房 117.5 间；培育胡同 9 号，和原来的谢枋得专祠合并，形成了大型的江西会馆建筑群落。其中，占地将近 4000m² 的法源寺后街 2 号，据文献记载，内有江西地域风格式园林和亭台楼阁。因祠而成会馆，祠堂和会馆共生，形成了江西祠祀性士绅会馆。其基本布局方式符合士绅会馆的拓祠为馆的基本布局，建筑布局如图 4-10 所示。

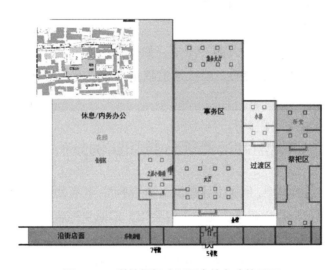

图 4-10 谢枋得祠（江西会馆）建筑平面

该会馆和祠庙建筑最大的区别在于在原祭祀区左侧增加了一个大型的同乡事务区，从神圣建筑转变为世俗性公共建筑。

4.3.2.2 类型 A-I1: 普遍结构之馆宿为主的士绅会馆

该类会馆是在京江西士绅会馆的主体，数量最多，出现时间最早，乾隆《浮梁县志》载："（本县）京师会馆二所。（其一）在北京正阳门外东河沿街，背南向北；其一在右，明永乐间邑人吏员金宗逊鼎建，曰'浮梁会馆'。"此类会馆和民居渊源最近，一般由民居改建而来，辅以相关的附属用房，如接待和厨房。厅事集会的区域一般面积较为紧凑，祭祀区域以牌位和神龛为主。江西县府级地区在京皆大量设置此类会馆，数量大，建筑规模小、中，其房产间数 13 ~ 55 间不等，一般为 1 ~ 3 个院落组成。实例为永新会馆，其平面如图 4-11 所示。

❶ http://blog.sina.com.cn/s/blog_4cd2ebc7010008lu.html.

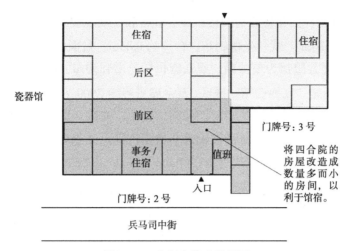

图 4-11 永新会馆建筑平面

4.3.2.3 类型 A-I2：普遍结构之事务办公为主的士绅会馆

1. 建筑特点

该类会馆以集会和办公为主，定位为中大型会馆，主要为省级会馆。为便于集会，其集会厅堂、娱乐建筑区域和空间都较为阔大。实例如江西省级会馆，其日常主要事务为管理义园、定期召集同乡理事会、举办日常娱乐活动。一般建筑规模较大，建筑装饰质量好。省级江西会馆的戏台一般位于主殿/堂后侧，具有南方性戏台倒座特点。

2. 实例分析：江西会馆

江西在京省级会馆有 10 所，其中规模最大的为现宣武门外大街 28 号的江西会馆（民国时为宣武门外 196 号）。原址为江西南昌府新建县会馆，乾隆三年（1738 年）建成，创馆之人为乾隆元年丙辰科新建进士曹秀先，初建房屋 16 间。乾隆四十五至四十九年（1780—1784 年），进行大规模加建，将厢房和主体都增高。光绪九年（1884年），新建县会馆迁至别处，原址改为江西会馆，并且分别向南、北、东三面扩展，最终形成江西省省级会馆，整个建筑占地面积 1600m²。民国二年（1913 年），孙鸿仲将自己顺治门外房屋产业 72 间，"东至永光寺西街，西至宣武门大街，南至南通会馆，北至刘元周药铺，一并卖于江西会馆"[1]。民国三年（1914 年）开始扩建，1917 年张勋进京之前建成，"张上将军之入都，江西同乡在顺治门外大街新建筑之江西会馆演剧欢迎。"[2] 最终建成的江西会馆房屋 271 间，占地 4772m²。从其建造历史看，此座会馆已经发展为晚清后期的公所类别的建筑，以集会娱乐功能为主。

根据文献记载，江西会馆临街一侧为一排半西式的门楼。大门磨砖对缝，雕花精细，入大门后，正厅为执事楼（集会事务性办公处），两侧厢房为举子楼（住宿）。执

---

❶ 北京市宣武区房管局档案，民国三年四月直隶行省行政公署税务厅筹备处第 1514 号。

❷ （民国）李定夷. 民国趣史 [M]. 扬州：江苏广陵古籍刻印社，1998.

事楼后院落为花园,花园东侧设有戏楼。设有戏台和观众观戏的罩棚,形成封闭的戏厅,戏厅总占地面积 680m²。戏台坐西朝东,台高约 0.85m,台面约 6m×6m,台面周边有雕花栏杆,戏台上方屋顶为藻井顶。观众席包括池座和楼座,楼座三面环绕戏台,戏楼入口处悬张勋所题"江西会馆"匾额,观众席可容纳 2000 人,为北京会馆戏楼最大,为名人堂会演出的重要场所,晚清时期和湖广会馆、安徽会馆并称为京师三大会馆演剧处。其戏楼的基本形制类同于浙江银号会馆正乙祠。江西会馆由于戏厅阔大,不仅演剧,也是重要的政治集会场所。

江西会馆在 20 世纪 80 年代已经拆除。但是根据同时期的其他会馆布局,以及江西地域特点,可推测如下:

(1)江西会馆总占地 4800m² 左右,东为宣武门大街,西为永光寺西街,两街距离 60 ~ 70m,则南北之间距离为 70 ~ 80m 之间,现有记载地址为宣武门外大街 28 号,根据 1934 年北平京师详图,可以定位其地址。中华人民共和国成立后被先后作为北京市服装防护用品厂—北京市服装三厂—北京市长城风雨衣公司,将江西会馆原用地范围推测如图 4-12a 所示。

(2)江西会馆内部功能布局,从文献上可知,其对外最为显著的部分为其戏楼部分。戏台为坐西朝东,和其他两大会馆朝向不同,如此便可以推测其戏台入口位于宣武门大街上,其主体院落为东西轴线式。

复原如图 4-12b 所示。

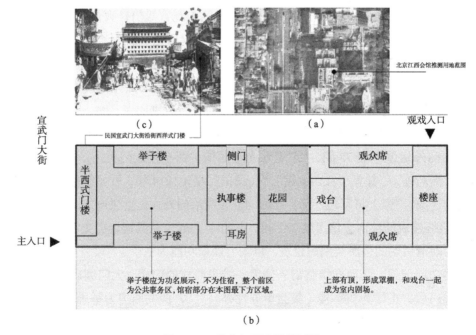

图 4-12 北京江西会馆推测图
(a)江西会馆推测用地范围;(b)江西会馆推测建筑平面布局;(c)民国宣武门大街街景
(资料来源:a:作者依据谷歌地图改绘;c:北京民俗博物馆)

4.3.2.4　类型 A-I3：综合性的士绅会馆

1. 建筑特点

该类会馆一般都有较长的历史变迁，大都为府郡级会馆，从小而大，逐渐完备，如江西南昌会馆，但无戏台娱乐部分。

2. 南昌郡馆实例分析

现在的北京南昌郡馆位于宣武门外大街 162/164/166 号，2000 年拆除。宣武门外大街 162 号原为南昌在京移民的熊氏祖业，清雍正二年（1724 年），熊氏子孙熊直宗将祖业捐为南昌会馆，并斥资购买邻房 164 号，以扩大南昌会馆之馆产。清末，张勋复辟进京，入住 164 号，将 164 号进行改扩建，增建假山、礼堂、享台，称为"瑞园"，也被称为"张家花园"。民国初，南昌会馆继续发展，将 166 号买入，最终形成三列院落并行的较大规模府级会馆。

从其历史演变来看，南昌郡馆是北京四合民居捐舍而来，随后进行改扩建。其基本建筑布局如图 4-13 所示。

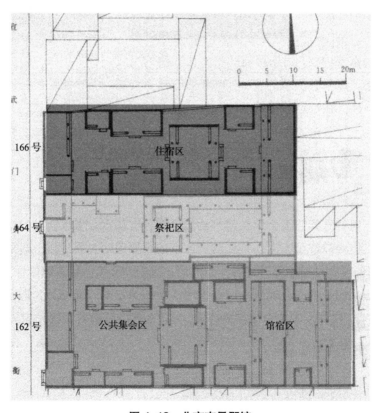

图 4-13　北京南昌郡馆

（资料来源：底图源自孙兴亚、李金龙 . 北京会馆资料集 [M] 北京学苑出版社，2007）

4.4 本章小结

士绅会馆的"历时性"方面，北京士绅会馆产生于明中期，明中至明末有一个小的建设高峰，主要集中于北京内城。明清换代之际，建设停止，至清康熙时期，士绅会馆建设又开始繁荣，一直持续到科举制度废止，从内城转向外城分布。明清两朝数量变化为十倍左右，建造数量大幅度增加的原因为使用士绅会馆的士绅人口数量上升，会馆房屋租金成为官方财政税收的重要来源，获得官方支持，会馆建设成为明清官儒文化中"义"举的标志性工程项目，刺激各地方和士绅捐资兴建。士绅会馆的选址和科举考试、政治中心等辐射变化密切相关。明清士绅会馆选址的总体变化是从城区的围绕政治中心转至城区的新商业中心集聚，空间转变的原因在于清代的城市空间管理法律规定，以及城市建设的发展。

士绅会馆的"共时性"主要体现在该类型特有的建筑功能特点和外显的建筑形制方面。馆宿为士绅会馆的主要建筑功能，建筑面积比例高；祭祀功能为核心建筑功能，从早期的儒家祠祀逐渐转向儒道佛三家合流的祭祀方式，在祭祀中出现了文昌帝和关帝祭祀的特征，祭祀场所形成复合化的特征；厅事部分仍为不可缺失之功能，在厅事中，功名展示成为重要内容；娱乐功能随着清代戏曲的发展，有所扩张，但由于官员的禁限制度的影响，以堂会演戏为主；对殡葬功能较为重视，随着建筑面积的扩张，和会馆在空间上分离。在特定的建筑功能下，形成了特定的建筑布局方式，有改扩建和新建两种方式。士绅会馆大多为买宅或者捐宅而来，故此改扩建方式和北京四合院民居关联密切，而新建的士绅会馆则具备几大建筑功能完备之特征。

江西士绅会馆，在北京的空间分布上，具有数量巨大、层级丰富、系统完备的特点，是江西地方科举文化兴盛的体现，和江西地方书院建设同步。江西士绅会馆因科举候官而盛，但省府县三级会馆在建筑功能上皆各有侧重。省级会馆的馆宿功能并不为主，而是以集会和祭祀为主，是江西省在京的重要民间公共建筑，对外的公共性最强；府级会馆各项建筑功能都较完备，为江西在京士绅会馆的标本建筑样式；县级会馆主要建筑功能为提供馆宿。江西士绅会馆根据功能的不同，又细分为四个亚类型，即祠祀性、馆宿性、事务性和综合性四种性质，其代表性实例分别为谢枋得祠、永新会馆、江西会馆和南昌郡馆。

第5章

明清江西会馆他乡类型Ⅱ——工商型会馆

本章主要论述明清江西会馆中工商型会馆的历史形成原因，讨论该类型会馆的具体建筑功能特征和形制布局方式，比较工商型会馆和士绅型会馆的不同，并结合具体实例，对祠庙原乡原型到他乡类型的转变予以论述分析。

引 论

工商会馆为某乡工商人士在他乡所建立的会馆。随着工商行业的发展,外乡行商成为坐商或和本地坐商联合成立壮大的本地行会,早期所建会馆逐渐转成行业性公所。工商会馆是现存数量最多,建筑风格最为显著,研究最多的建筑类型。

那么工商会馆是如何产生的,外在和内在的动因又是什么呢?工商会馆类型和士绅会馆类型是否有关联,关联是什么?和士绅会馆类型相比较,相同和不同建筑类型的特点是什么?

江西本土工商人士的流动和在他乡的经营活动对江西他乡工商类型会馆的决定要素有哪些?形成的他乡江西工商型会馆的具体类型特点是怎样的?有哪些具体的实例可以分析论证?

下文将对以上问题进行论述和解析。

5.1 工商类型会馆在北京的形成

5.1.1 内外动因

5.1.1.1 传统士绅会馆接待对象的壁垒性

明清时期区域性经济快速发展,工商人口流动数量增长迅速,形成庞大的流动人口群体。明清乡土社会人口流动下应时应需而产生的会馆建筑,也成为流动工商群体在外乡所急需的建筑场所。最早产生的士绅会馆成为主要借鉴和需求使用场所,但在明清社会等级制度的严格限定下,传统士绅会馆对内的接待对象虽有扩大,但是对于工商农人群仍壁垒森严。于是,工商流动群体以士绅会馆为模本,开始自己出资建造属于平民群体的会馆建筑,接待商人和同乡平民。由于其本身的平民性质,其接待对象更是普及同乡众人,入住时只要有两位同乡引荐,便可登记入住。反映了会馆建筑类型发展从社会精英层向民间普及的动向。

5.1.1.2 工商群体的内在需求

明清全国性商业网络形成,北京不仅为全国政治中心,同样为物资积聚中心,商人集聚，以商人为主导所建的商人性会馆和行业性会馆数量逐渐增多。商人出资建造的会馆有两类，一类为针对科举，接待公车使用，发扬会馆的传统功能；另一类为具有商业行会性质的会馆公所。

1. 由商人士的传统动力，对于士绅生活方式的模仿

商人所建会馆数量增加的一个重要原因是商人后裔参加科举数量的大幅度增加。中国传统四民中的商人阶层从北宋时开始获得参加科举资格，明清之时参加科举，资格已和士农等同。但作为明清时期具有重要上升潜力的阶层力量，在清中晚（鸦片战争之后），由于国家财政需求，甚至还受到国家的优待，如针对盐商，在童乡试中给予更多照顾，另立单独商额，商人后裔成为公车数量增加，财富和进入权力体系的憧憬结合，刺激了商人群体在京修建会馆的内在动力，加上四民之中，本身最具有经济实力，商人群体出资所修建的会馆数量大增，但由于其本身的平民因素和行业特征，故对社会其他群众，更具有开放性。由商人出资建造的此类会馆，出发点和早期的公车会馆目的相同，如十大商帮中的徽商，在京师所建立会馆则多为公车类会馆。

2. 工商独立，商业发展本身的事务性和自炫式需要

工商事务本身需求：工商所建行业性会馆，明代嘉靖之后仿照士绅会馆建造，如北京的药材行会馆（鄞县会馆）。康熙年间，开海禁，上海出现大量沙船会馆，此时期的贺长龄所编《皇朝经世文编》云："自康熙二十四年开海禁，关东豆麦，每年至上海者千余万石，而布茶各南货至山东直隶关东者，亦由沙船载而北行。沙船有会馆，立董事以总之，问其每岁漂没之数。"但全国商人会馆数量的急剧增加为太平天国运动平定之后。

自炫式需要：中国传统社会为"士农工商"四民社会，区分明显，早期面向官宦的会馆严禁非士人入住，面对社会地位日益上升，群体自我感觉越发良好的商人群体，为显示地区或行业经济实力，自行建造同乡会馆或行业性会馆，数量增多，逐渐改变和扩大了京师会馆的性质内涵，其地缘性特征和商人特质逐渐被进一步强调。商人行会性会馆，很快成为会馆中的强劲力量，一旦出现，数量迅速增加，占据京师会馆总体数量中的重要份量。商业性会馆快速地蔓延到全国，其内在主导功能也从接待公车转向解决商业行业内部事务，使得后人在对会馆的理解中，更多地认为会馆就是工商业行会的机构，此类型的代表地区会馆为晋商所建山西会馆。

参考《北京会馆基础信息研究》，按时间顺序整理明清、民国北京出现的行业性会馆，如表 5-1 所示：

由表 5-1 可知，商业性会馆在京师会馆总数量中约占 14%。其中，北京坐商的行业性会馆较多（在明清时期，某个行业往往由某一地区人士所垄断），其他地区如山西、江苏、浙江、江西、广州在京师皆有商业性会馆，但更多的为由商人所集资建造的科举会馆，会馆的出资方在不知不觉中发生了更替。

北京工商会馆地址 　　　　　　　　　　表 5-1

序号项目	时间	名称	地址	地亩	房间
1	明	弓箭会馆	德胜门外冰窖口胡同	—	—
2	明	临汾东馆	西打磨厂街 105 号	—	—
3	明	鄞县会馆（药材行）	里仁街 1、3 号	45.09	62.5
4	明中期	颜料会馆	北芦草园胡同 85 号	—	—
5	明万历年间	延邵纸商会馆	广渠门内大街	—	—
6	明末	临襄西馆	大栅栏街 13 号	1.6	70.5
7	明末	临襄会馆	清华街 37 号	—	43
8	清（不详）	骆驼行会馆	石景山五环西路	—	—
9	清（不详）	骆驼行会馆	牛街西里二区	—	—
10	清（不详）	襄陵商馆	珠市口西大街 251 号	—	—
11	清（不详）	山西会馆（关帝庙）	通州张家湾镇	—	—
12	清（不详）	山西会馆	通州马驹桥村	—	—
13	清（不详）	元宁东馆（绸商）	长巷三条 24 号	—	—
14	清（不详）	元宁会馆	长巷三条 16 号	—	20
15	清（不详）	正已祠仪馆	西革新里	3.06	23
16	清（不详）	正已祠仪馆	管村	2.43	30
17	清（不详）	正已祠仪馆	共进里	4.23	28
18	清（不详）	文昌会馆	琉璃厂东街	—	—
19	清（不详）	江西漕运会馆	通州北大街	—	—
20	清（不详）	江西商馆（万寿宫）	通州北大街北口里西	—	—
21	清（不详）	齐鲁会馆	西花市大街东段路南	—	13
22	清康熙年间（不详）	浙慈会馆（成衣行会馆）	金鱼池西街 1 号	5.93	80
23	清康熙六年（1667 年）	银号会馆（浙江钱业）	前门西河沿街 220 号	—	—
24	清康熙三十六年（1697 年）	金箔会馆	草厂头条	—	—
25	清康熙五十一年（1712 年）	仙城会馆	王皮胡同 7 号	1.3	33
26	清康熙五十三年（1714 年）	临襄东馆	东晓市街 90 号	—	53.5
27	清雍正年间（1723—1735 年）	梨园老馆	陶然亭公园内西南侧	—	—
28	清雍正五年（1727 年）	河东烟行会馆	广安门内大街 100 号	3.12	62.5
29	清雍正七年（1729 年）	浮山会馆	鹞儿胡同 14、16 号	1.13	38.5
30	清雍正十一年（1733 年）	晋冀布行会馆	小江胡同 30 号	—	39
31	清乾隆年间（不详）	平定商馆	珠市口西大街 106 号	0.76	15
32	清乾隆年间（不详）	山西商馆	门头沟三家店中街 8 号	5.4	—

续表

项目序号	时间	名称	地址	地亩	房间
33	清乾隆年间（不详）	长吴会馆（绸商）	长巷三条 16 号	—	57
34	清乾隆年间（1736—1795 年）	梨园会馆	珠市口大街 83 号	—	—
35	清乾隆三年（1738 年）	涤行会馆	陶然亭公园内东南侧	6.6	10
36	清乾隆四年（1739 年）	染坊公所	通州北大街如意园	—	—
37	清乾隆七年（1742 年）	山西纸业会馆	白纸坊西街 19 号	—	—
38	清乾隆十六年（1751 年）	襄陵南馆	五道街 38 号	1.51	45.5
39	清乾隆三十年（1765 年）	江苏漕运会馆	通州北大街中段路东	9.3	—
40	清乾隆四十二年（1777 年）	南枣义馆	广安门内大街石虎巷	0.8	39
41	清嘉庆二年（1797 年）	盂县商馆	小椿树胡同 16 号	1.2	10
42	清嘉庆八年（1803 年）	当行会馆	珠市口西大街 84 号	2.19	77
43	清嘉庆二十二年（1817 年）	药行会馆	西兴隆街 3 号	—	—
44	清道光十四年（1834 年）	靛行会馆	西半壁街 17 号	—	—
45	清道光三十九年（1859 年）	猪行会馆	西四北大街 99 号	—	—
46	清道光年间	襄陵北馆	余家胡同 11 号	0.78	24
47	清咸丰年间	靴鞋行会馆	甘井胡同 4 号	—	14
48	清同治年间（1862—1874 年）	梨园精忠庙	珠市口东大街 18 号	7.2	154.5
49	清同治三年（1864 年）	北直书业文昌会馆	南新华街 48 号	1.2	30
50	清同治十三年（1874 年）	江苏漕运分馆	通州北大街口路西	—	—
51	清光绪年间（1875—1908 年）	粮栈会馆	云居胡同 25 号	—	—
52	清光绪二十三年（1897 年）	北直京都刻字会馆	樱桃斜街 19 号	1.35	16.5
53	清晚期	皮行会馆	大保吉巷 29 号	—	—
54	清末	棚行会馆	黑窑厂西里	—	—
55	清末	山西商馆	门头沟滑石道大街	4.2	—
56	清宣统三年（1911 年）	棚行三圣祠	南长街 79 号	—	—
57	民国初年	山西商馆	丰台长辛店大街 128 号	—	50
58	民国十三年（1924 年）	梨园新馆	樱桃斜街	0.5	21

从某种意义上来说，面向官员的会馆，其特征更具有儒家普适性的"天下"观念，强调上层的儒家文化，不太刻意强调地方民间性文化。由于明清朝廷对于党锢之祸的警惕，会馆的地缘性较为隐蔽，而不好公开拿出来标榜，体现在其祭祀对象为儒家先贤或国家提倡之忠义人物，其内部装饰重点在于官名功业的陈列，而非建筑本身的雕饰。而工商会馆，对地缘性或行业性特征极其强调，体现在会馆的建筑样式和风格的方方面面，这也是工商型会馆和士绅型会馆的最大区别。

5.1.2　形成方式

工商会馆乃以北京士绅型会馆为基本参照，结合实际需求，形成具有自身特点的会馆建筑类型。北京作为明清时期首都，其建筑风向和建造活动对全国的营建活动都有示范性影响。在早期上层精英式士绅型会馆基础上，发展出了民间的工商型会馆（公所），而其他地区的移民型会馆又在工商型会馆的基础上进一步发展而来。

士绅会馆是工商会馆的模仿对象，但工商会馆又反过来促进了士绅会馆进一步完善，两者的承袭关系如嘉庆二年（1797年）山西盂县会馆《新建盂县醯醢行六字号公局碑记》中云："京师为四方士民辐辏之地，凡公车北上与谒选者，类皆建会馆以资憩息。而商贾之业同术设公局以会酌事谊者，亦所在多有。"

其他发达工商城镇的工商型会馆，大体以模仿京师工商会馆为主，适应当地环境，结合当地风俗，形成本地的工商会馆类型。

5.1.3　空间分布和选址

5.1.3.1　全国空间分布发展过程

工商会馆在全国的分布发展过程为：最早在北京大规模地出现。中期，扩展到东部传统经济发达地区；晚期，工商会馆建设主要集中在鸦片战争之后开放的通商口岸城市和非通商口岸的传统商业和移民重镇。如上海作为通商口岸城市，其会馆公所从鸦片战争（1840年）前的22所增至宣统三年（1911年）的154所❶；又如非通商口岸的一些地区，经历过太平天国运动战火之后毁损严重，会馆在原有基础上重修新建，如长江中下游地区的扬州地区会馆，西南地区的洛带、云南东川会泽地区会馆。

5.1.3.2　各具体城镇选址分布特点

工商会馆在各个城市的选址有以下特点。

1.城镇水运门户处

工商会馆位于商业和手工业发展到一定程度的城镇。首要设置于主要水运河道入城镇的码头处，为城镇的水运门户之处。随后，倘若城镇发展壮大，会逐渐转至该城镇的商业中心区。

2.商业中心区

中国传统社会，城镇的政治中心往往和商业中心重合，但到明清之际，商业和手

---

❶ 樊卫国.晚清沪地行业组织兴起及其制度特征 [M]// 上海会馆史研究论丛（第一辑）.上海：上海社会科学院出版社，2011：19-28.

工业行业专门化趋势越发明显，商业中心和文化政治中心逐渐分开，这种发展特点存在于通商口岸的工商会馆建筑发展中。

通商口岸地区的会馆，内外贸易繁荣，受西方现代商业办公建筑的影响较大，工商会馆建筑更倾向公所公会类的商业办公建筑类型。其建筑功能偏向于行会的事务和办公功能。在建筑上的体现为，选址已经不是首要考虑临近入城水运码头，以商品货物的仓储盘点为主，而是更向城市的商业中心区聚集，注重处理商业贸易事务各人员到达的便捷性和在商业繁荣区行业的广告效应。作为原乡城市的接待门户，从前中期的人员、货物入城接待的方式，转为更具备行业或同乡的公共性职能。如上海会馆，早期临近黄浦江的十六铺地区，后逐渐转至上海老城的小东门和大东门附近，又延续至老城商业中心的豫园地区和小南门地区，此地区和开埠之后的租借区毗邻。到民国之后，一些发展良好的行业直接进入租借区，转化为现代意义的商业行会公所的办公建筑类型。

5.2　工商类型会馆的建筑功能演变发展

清中期，工商会馆在模仿士绅会馆模式的基础上，逐渐形成了自己的特点，完善成熟。相对于士绅会馆对于馆宿的核心需求，工商会馆的馆宿部分面积相对较小，主要用于接待刚来临此地的同乡人士，人员流转的速度较快。对于货物储存的需求较大，仓储部分占用较大面积的情况，有的工商会馆有自己的独立仓库。而对于祭祀区域的设置，大体仍保留中国传统的祭祀建筑的"寝堂"祭祀格局。同时，伴随工商会馆发展，不断出现新的祭祀对象，包括地方神祇、行业神和财神，祭祀场所成为重点装饰和展示部分。随着商业的发展，解决事务需求发生转变，从特定节日性事务的短期办公转为日常性事务的长期办公，议事部分逐渐从厅事中区分开来，出现了专门的办公区域甚至独立办公楼房。娱乐区的戏台部分是工商会馆装饰最多之处，成为工商会馆的建筑标志。殡葬区是工商会馆仍最为重视之区域，作为附产面积不断扩大。

5.2.1　馆宿：弱化为非主体建筑功能，建筑面积大幅度缩小或消失

工商群体对于会馆中长期住宿并无内在需求动力。对于商人，即使作为行商，其住所也尽可能靠近其生意之处，财大气粗的大商人，在城镇繁荣之处自买宅而居，如扬州富商，而小本经营的商人，按照中国传统商业模式前店后宅自居。至于行贩和手工艺人，为谋生计，其居住地点选择更是首要考虑城市商业、行业分布等特点，尽可

能尽早融入本身城市之中，依据就近原则工作聚居。故此，来自士绅会馆的核心馆宿建筑功能，在各地工商类型的会馆中，大都弱化。同样对于工商会馆来说，所面临的接待群体数量太大，本身也无法靠一栋会馆就能解决大量（相对于士绅的少量）人群的馆宿福利性需求。此建筑功能的弱化，直接导致工商会馆的公共建筑性特征进一步加强，逐渐从士绅会馆的居住和公共建筑性质混合的特征中区别出来，成为具备自身特点的工商型会馆。

在一些大宗物资集聚地区，早期工商会馆会有较大的货物堆场或者室内仓储空间。

5.2.2 祭祀：更加强调祭祀功能，祭祀对象具有自身特点，场馆建设"因庙而设"

5.2.2.1 工商会馆自身形成特有祭祀对象

工商会馆的祭祀功能与士绅型会馆中的相同，祭祀也为最核心的建筑功能。与士绅会馆祭祀的不同之处在于其祭祀对象不同，具有自身特征。相对于士绅会馆的祭祀对象为儒家先贤神灵，工商会馆的祭祀对象为儒道佛多元崇拜，具体为原乡地方神、行业神和财神。

1. 原乡地方神

1）祭祀关帝开工商会馆中祭祀原乡地方神祇风气，关帝庙建筑形制成为会馆祭祀布局的基本依据

工商行业性会馆中广泛祭祀关帝之风来源于山西商人。山西商人最早在北京设立的晋商行业性会馆中祭祀本乡神祇关帝，此做法后来扩散到其他地区商帮的工商会馆中。

（1）关帝崇拜

关帝崇拜早期为民间"私祀"。关公作为一历史真实人物，其崇拜大致形成于唐代，或于室内挂关公神像，或是武庙(姜太公庙)的配享。元代，民间城市乡野出现关公祠祀，随后佛道儒共同推崇其所代表的中国传统伦理价值，儒家不断予以升级封号。唐代被佛教封为"伽蓝"（佛法守护神）。宋元道教通过神话说其不断显灵，并在明清道家伪作《关帝觉世经》中被奉为天尊。其称号最终所谓"汉封侯宋封王明封大帝，儒称圣释称佛道称天尊"。明清时期三教合流，中国传统伦理价值中的"忠、义、信、勇"之抽象观念，神道设教，皆由关公此一具象人物而生动。民间崇拜亦不断加入自己理解，追为武财神、地方保护神，成为全能之神——降妖护国、平寇破贼、科场默助、决疑断案、体恤忠孝、救人水火、除瘟疗疾、助人发财。

明代，关公祭祀纳入国家祀典，属于南京十五庙，京师九庙之一，祭祀等级为小祀。《明史·志二十六》：南京关庙，"关公庙，洪武二十七年建于鸡笼山之阳，称

汉前将军寿亭侯。嘉靖十年订其误，改称汉前将军汉寿亭侯。以四孟岁暮，应天府官祭，五月十三日，南京太常寺官祭"。京师关庙，"汉寿亭侯关公庙，永乐间建。成化十三年，又奉敕建庙宛平县之东，祭以五月十三日。皆太常寺官祭"。明万历四十二年（1596年），敕封"三界伏魔大帝神威远震天尊关圣帝君"，列为道教之神灵，明天启四年（1624年），官方祭祀正式定名为"关帝"，完成了官方祭祀由"关公"至"关圣""关帝"的过程，祭祀等级虽没有发生变化，但祭品亦从少牢上升为太牢。明代民间祭祀亦尤盛，叫法繁杂，一般称作"汉前将军关公祠"或"汉寿亭侯关公庙"，明末在官方规定之下，民间庙宇统一称呼为"关帝庙"，由"祠"升级至"庙"，由此关帝庙在全国广泛兴建。

清代朝廷对关帝崇奉更甚，体现在祭祀礼仪升级、国家经费投入加大、关帝文化广泛推广普及等方面。祭祀礼仪的升级可见《清史稿·志五十九》，具体演变整理如表5-2所示。

清代关帝典祀演化

表 5-2

时间	加封	祭祀等级	祭祀礼仪	祭祀时间	庙宇	匾额	地点
清初	—	—	—	—	有	义高千古	盛京地载门外
清世祖	—	—	—	五月十三日	有	—	北京地安门外
顺治九年	忠义神武关圣大帝	—	—	—	有	—	北京地安门外
雍正三年	①追封三代公爵，供后殿。②洛阳、解州后裔并授五经博士，世袭承祀	小祀	定仪礼。①前殿大臣承祭，后殿太常长官。②届日质明。前殿：大臣朝服入庙左门，升阶就拜位，上香—三跪九拜礼—三献。不饮福受胙。后殿：同上，三跪九拜改成二跪六拜	增春秋二祭（形成一岁三祭）	有	—	北京地安门外
雍正十一年	增当阳博士一人奉冢祀	小祀	—	增春秋二祭（形成一岁三祭）	—	—	—
乾隆三十三年	①谥号改"壮缪"为"神勇"。②加号灵佑——灵佑忠义神武关圣大帝	小祀	—	增春秋二祭（形成一岁三祭）	有，殿及大门易绿瓦为黄瓦	—	北京地安门外
嘉庆十八年	加封仁勇——仁勇灵佑忠义神武关圣大帝	小祀	—	增春秋二祭（形成一岁三祭）	—	—	北京地安门

续表

时间	加封	祭祀等级	祭祀礼仪	祭祀时间	庙宇	匾额	地点
道光中	加封威显 ——威显仁勇灵佑忠义神武关圣大帝	小祀	—	增春秋二祭 （形成一岁三祭）	—	—	北京地安门
咸丰二年	加封护国 ——护国威显仁勇灵佑忠义神武关圣大帝	中祀	—	增春秋二祭 （形成一岁三祭）	—	—	—
咸丰三年	①加封保民 ——保民护国威显仁勇灵佑忠义神武关圣大帝。 ②加封精诚绥靖 ——精诚绥靖保民护国威显仁勇灵佑忠义神武关圣大帝。 ③追封三代王爵，祭品同崇圣祠	中祀	①三跪九叩。 ②乐六奏，舞八佾。 ③五月告祭，承祭官前一日齐，不作乐，不撤馔，供鹿、兔、果、酒	增春秋二祭 （形成一岁三祭）	—	万事人极	—
同治九年	加号翊赞 ——翊赞精诚绥靖保民护国威显仁勇灵佑忠义神武关圣大帝	中祀	—	增春秋二祭 （形成一岁三祭）	—	—	—
光绪五年	加号宣德 ——宣德翊赞精诚绥靖保民护国威显仁勇灵佑忠义神武关圣大帝	—	—	增春秋二祭 （形成一岁三祭）	—	—	—

（2）工商会馆中的关帝祭祀

京师关帝庙已经众多，但不同群体皆需要有一个可以举行祭祀的场所。故在京他乡人士聚集于自乡会馆中自行祭祀。

京师会馆中的关帝祭祀，在士绅会馆和工商业会馆中皆有，但彼此祭祀的价值取向并不相同。士绅公车会馆往往将关帝和地方儒家先贤先圣合祀，取其儒家之"忠义"观念。而工商业会馆，关帝往往和财神以及各行业的祖师爷、道家神祇合祀，因无论传统商业，还是现代商业，其商业价值核心皆在"信"字，故取关公的"信"和"护佑发财"之价值含义。关帝在工商会馆中各人士签订合同、建立盟约时作为"信"的神灵见证人在场，给多方予以心理威慑，如光绪三十四年（1908年），《马神庙糖饼行碑记》："鄜行由十一月十五日起，各号帮案、烧炉人，每月工价银四两……此系中保人说合，与各号掌案、东家、掌柜议定，并无反悔……以后合行人等，呈献香烛供品，立刻碑文，以垂永虔：关圣帝君、观音大士、九天雷神。"

　　北京山西晋商会馆内祭祀关帝的现象较为普遍。关帝故乡为山西解州，故山西、陕西商人在各地经商时，兴建关帝庙或直接将当地某处关帝庙作为山陕会馆，即"以庙为馆"。正如晋商自己所云（清嘉庆二十一年（1861 年），《重修河东会馆碑记》）："余惟闻帝之英灵，被于遐迩，不为河东人士敬之，而河东之敬也为尤。至初立会馆，先设帝位，兼设火财神以为配，是其敬神即所以尊帝，尊帝即所以笃乡谊也。"

　　对于关帝之"忠义信勇"之价值体现，除了山西、陕西的会馆，在湖北、福建、安徽众多地区会馆皆有祭祀，具备广泛的普遍性，这和清中后期官方推进关帝全国通祀的现象同步。

　　会馆中祭祀关帝，或以关帝庙而立，尤其体现在山陕会馆中，或设立殿堂，或设立神龛而祭（表 5-3）。

北京工商会馆中关帝祭祀　　　　　　　　　　　　　　　表 5-3

省份	会馆名称	类型		祭祀对象							建筑用房	备注
		工商	士绅	祖师	关帝	财神	观音	雷神	火德真君	真武大帝		
河北	河北会馆		●		▲							《澄斋日记》中多次记载："十三日晴。关帝生日，至会馆公祭，兼请外官。""十三日晨起凉爽，颇涤烦苛。午刻诣会馆祭关帝，兼请外官，宾主两席。馆中房屋，余托吴卓如监修，事事核实不苟，此君可用也。"
北京（坐商）	东极宫	●		●	▲	●					庙殿	康熙二十八年（1689 年），《皮箱行祖师庙碑》："随建大殿三间，两边陪房山门垣墙，起庙号曰东极宫，作为皮箱行祖师庙……大殿内塑鲁班先师、关圣帝君、增福财神三圣神像。"
	马神庙	●			▲		●	●			庙殿	光绪三十四年（1908 年），《马神庙糖饼行碑记》："鄙行由十一月十五日起，各号帮案、烧炉人，每月工价银四两……此系中保人说合，与各号掌案、东家、掌柜议定，并无反悔……以后合行人等，呈献香烛供品，立刻碑文，以垂永虔：关圣帝君、观音大士、九天雷神。"
广东	仙城会馆	●			▲						堂	康熙五十四年（1715 年），《创建仙城会馆记》："东之前二层为堂，堂之广，楹三只，中设关帝像祠焉……里人升堂，莫位凝肃，若见若语，桑梓之谊，群聚而笃。"

省份	会馆名称	类型		祭祀对象							建筑用房	备注
		工商	士绅	祖师	关帝	财神	观音	雷神	火德真君	真武大帝		
山西	汾城会馆	●			▲	●					庙殿	乾隆三十年（1765年），《山西平阳府太平县合邑士商创建并增修会馆碑记》："太邑于南横街小猪营，旧置有高庙一所，仅建殿宇三间，中祀关帝君，增福财神居左，黑虎玄坛居右。"
	河东烟行会馆	●			▲				●		厅堂	乾隆二十五年（1760年），《重修河东会馆碑记》："旧所而新造……堂中奉祀火德真君、关圣帝君，公举住持，朝夕香火，庶有无化。"嘉庆二十一年（1816年），《重修河东会馆碑记》："溯自国朝雍正五年，馆建于都城中，立关帝庙，配以火财神……嘉庆丙子夏秋之交，霪雨连月，壁坏垣圮……重为补葺……余惟闻帝之英灵，被于退迹，不为河东人士敬之，而河东之敬也为尤。至初立会馆，先设帝位，兼设火财神以为配，是其敬神即所以尊帝，尊帝即所以笃乡谊也。"
	晋冀布行会馆	●			▲	●			●		厅堂	雍正十三年（1735年），《创建晋冀会馆碑记》："虽向来积有公会，而祀神究无专祠，且朔望吉旦群聚类处，不可无以联其情而洽其意也……中厅关夫子像，左间火神金龙大王，右间玄坛财神。"道光十七年（1837年），《新建布行公所碑记》："晋冀会馆，向设火德真君、关圣大帝、增福财神神位……于会馆东院余地一段三楹（建殿）。"
	颜料行会馆（仙翁庙）	●		●	▲	●				●	厅堂	嘉庆二十四年（1819年），《重修仙翁庙碑记》："馆之后院，正殿为真武公，关圣帝君、玄坛、财神列于左，梅葛仙翁列于右。"
	氆氇行商业会馆(盂县会馆)	●			▲						厅堂	嘉庆二年（1797年），《新建盂县氆氇行六字号公局碑记》："东院厅事三楹，内设关圣帝君座，以展享祀而妥神灵。"
	赵城会馆	●			▲						庙殿	民国二十五年（1936年），《赵城会馆登记表》："不动产除关帝庙外，所有瓦房及办公厅共三十八间。"1948，《赵城会馆理事会章程》："第十三条：本馆关庙香供，依夏历每年于五月十三日（关帝磨刀日）、六月二十四日（关帝圣诞）、九月十七日（财神圣诞）三节分别祭祀，所需祀费及馆内购器具、修理房院等费，全由房金下分别开支。"

2）关帝祭祀带动下，各地方工商会馆开始祭祀原乡地方神祇

在关帝崇拜代表的地方神祇祭祀做法的带动下，激发了各地工商流动人口寻找原乡地域神祇作为族群符号、庇佑自身在他乡平安发达的内在寻根性精神需求。工商型会馆的建造从北京、东部传统工商业发达地区，蔓延扩展到西部地区，在土客对立增强，同乡互帮互助需求迫切的情况下，各地工商会馆自发寻找地方神祇对象开展祭祀，成为工商会馆建设的惯性做法。工商会馆地方神祇祭祀场所的基本格局和规制，大体仍以关帝庙 ❶ 为模本。

2. 行业祖师神

除地方神祇作为祭祀对象外，行业性祖师爷也是工商型会馆祭祀的另一主要对象。行业神祭祀，早期主要出现在坐商庙宇中。作为来自他乡的行商，早期人口流动特征为以血缘族群带动乡缘族群，出现同一个行业由来自于同一个地区的工商人群把持。随着行业发展成为会馆事务的首要考虑要素，人员的籍贯限定被弱化，地区籍贯的壁垒渐渐被打破，会馆向公所转变，为获得更大地区籍贯的兼容性，统一行业价值导向，行业祖师神成为后期会馆公所中的主要祭祀对象，完成了从血缘—地缘—业缘的最终转变。

行业祖师神为本行业开创最为权威的神灵，行业人士在入行、店铺开张、行业规范集会时皆要在会馆举行祭祀活动，以求事业发达。行业神和原乡地方神的祭祀对象的组合，最能体现不同地区工商会馆的地域特征。广义来看，士绅会馆中的文昌帝即为读书人的行业祖师神。

行业祖师神祭祀对于工商会馆建筑的发展具有决定性的影响作用。大量地区工商会馆以行业祖师庙为核心起点，周边附建而立，形成前庙后馆的基本建筑布局，成为集祭祀与办公为一体的工商会馆建筑类型。

3. 财神

工商人群以"利"为主，故有财神崇拜，以求发财致富。各路财神之中，正财神中的武财神赵公明和关公祭祀最多。

工商会馆中三神祭祀最明显的如《新建布行公所碑记》："晋冀会馆，向设火德真君（行业神）、关圣大帝（地方神）、增福财神神位（财神）……于会馆东院余地一段三楹（建殿）。"

---

❶ 随着清廷对关帝崇拜的倡导，上层祭祀和下层信仰得到融合，在《三国演义》、大量关戏剧目创作和演出的推动下，关帝崇拜深入人民间，民间修建关帝庙热忱亦极高，香火尤盛，不仅京师关帝庙建设极盛，亦形成了清代"关帝庙遍天下""县县有文庙，村村有武庙""塞外虽二三家，必有关帝庙"的局面。从光绪京师外城关帝庙属性可以看出，佛家关帝庙和儒家祠祀性关帝庙比例各占 40% 以上，道家关帝庙较少，佛家寺庙和儒家祠庙的建筑特征区别之一为，明之后钟鼓楼制度定型，佛家寺庙中往往会设置钟鼓楼，而儒家祠庙往往仿宫殿建造不设钟鼓楼。由于清代关帝庙祭祀的方式和建筑形制确立最早最成熟，成为随后发展出来的民间庙宇的范本。关帝庙为会馆附庙而立的重要选择，尤其体现在山陕会馆中。

5.2.2.2 工商会馆以祭祀为核心，"依庙而设"形成场馆

相对于士绅型会馆建立有捐买住宅和附庙而设两种方式，工商会馆建设的主导方式为"依庙而设"，即以庙为原点，会馆附属、改扩建而成。其中，原点庙有原乡地方神祇庙（地缘）和祖师庙（业缘）两大类，单独的财神庙未见。对于特定的人群如山西商帮，原乡地方神庙和祖师庙、财神庙为同一神灵，庙与会馆同一。

依庙而设的工商型会馆建设发展经历了从附属于庙到独立建造两个阶段。

1. 修祖庙为会馆

"修祖庙为公会"，反映了明清早期工商业行会祭祀为万事先的文化思想。中国祭祀之中的"慎终追远"思想，将血缘之中的"祖宗"崇拜转映成业缘之中的"祖师爷"崇拜。故此，修建祖庙成为早期工商业行会设立聚会场所的重大建造事件。庙馆的具体建设过程，以京师工商会馆为例，见表5-4。

工商会馆附祖师庙而立建造过程   表 5-4

会馆公所	建造事件	备注
皮箱行	①世辈欲修祖庙。 ②买地，创修祖庙，日东极宫。 ③买地，立义地。 ④康熙二十八年，成立皮箱行公会。 ⑤光绪年间重修两次，民国重修一次	光绪十五年，《皮箱行祖师庙碑》： "我老前辈世世追念先师之功，欲修祖庙，向无基地。因此，阖行齐心醵资，如集众腋以为裘，合百川而汇海，众志成城。随在北京南城外金鱼池南边天坛根沟北，置地数亩，创修祖庙。随建大殿三间，两边配房山门垣墙，起庙号曰东极宫，作为皮箱行祖师庙。迤东又买数亩，作为本行义地用。大殿内塑鲁班先师、关圣帝君、增福财神三圣神像。康熙二十八年三月二十八日成立合行团体皮箱行公会。光绪十九年重修一次，光绪三十四年重修一次，民国十三年重修过一次。"
糖饼行	①先人创立马神庙。 ②乾隆庚戌，买地一块。 ③嘉庆四年，集资买庙中器具。请和尚看庙。 ④道光十六年，重修大殿。 ⑤同治六年，维修庙宇	嘉庆五年，《糖饼行雷祖会碑》： "马神庙原系糖饼行雷祖圣会，乃先人所置，遗留至今…… 乾隆庚戌岁，本庙住持圣山和尚募化太晟轩、张世安资助京钱三千文，买宋家门口北地一块，内有枣树数棵，契纸一张…… 于嘉庆四年，京、南两案公同铺户，募助钱文，置得供器，以及銮架半副，俱存本庙，有账可稽。现今请有达慧和尚照看庙宇，所有一切香火，必须经总理会首，协同值年会首，酌定章程。" 道光二十八年，《马神庙糖饼行行规碑》： "十六年重修大殿一座。" 同治六年，《糖饼行万善同归碑》："同治六年三月初二日，修理周围群墙，前后大殿、东西配殿，山门内外大小角门，添置幔帐等。"
药行会馆	①行会祭祀在南药皇庙。 ②修建祖庙	嘉庆二十二年，《重建药行会馆碑记》： "我同行向在南药皇庙，同修祀礼，奉荐神明…… 近因荒榛久废，古壁成尘，我同行公同合议，于海岱门外北官园之南口，相彼基址，是用创修。"

2. 借买庙为会馆

从上可知，假（借）买庙馆为工商业行业性会馆建立的重要方式。工商业会馆公所建立，较少出现士绅型会馆舍宅为馆的方式，而是各个商铺或各人集资捐款租借场

所或购买庙产，最终获得会馆场所。概括地说，士绅型会馆爱买宅，工商型会馆爱买庙——以购买祖师庙和原乡地方神祇庙为主。

京师借买庙为会馆公所的情况如表 5-5 所示。

北京借买庙为会馆建造实例　　　　　　　　　　表 5-5

会馆公所	建造事件	备注[1]
山西颜料会馆	①东北芦草园原有仙翁庙（仙翁庙内祭祀的梅、葛二仙为颜料行的祖师爷）。②康熙十七年，全行出资重修大殿，重设祭祀对象	康熙十七年，《重修庙宇碑记》："从来神所依凭之地，虽久而不迁……京都中城中，东北芦草园地方，建有仙翁庙一所，祀者有年矣……爰集合行，事从公议，踊跃捐资……于是敬卜吉期，重修大殿。"
帽行公会	①乾隆年间，建立公会（无场所），借东晓市药王庙为会所（庚子事变，公会解散）。②民国十七年，复租用药王庙的两间房为公会办公场所。③民国二十年，在前门外买地新建办公会馆	民国二十二年，《帽行公会碑》："考帽行公会，创始前清乾隆年间，假东晓市药王庙为公所……庚子事起……行会遂自瓦解。民国十七……行会又复活矣……是年三月间……仍税药王庙房两间为办公室，惟地基狭隘不敷应用，当由大会决议另购会所以资办公……在前门外銮庆胡同购买四合房一所。"
估衣行公会	①临时借馆。②民国十八年，建成正式公所	民国十八年，《燕都大市估衣行商会建筑公所记》："北平估衣行历有年所，从业者三百余家，每开会集议，皆临时假馆……民国十五年……购买五区大市北上坡地址一处，欲兴公所而未逮……竟于民国十九年九月葳厥事焉。"
梨园会馆 1	①借东岳庙喜神殿聚集。②后集资重修喜神殿	《梨园重修喜神殿碑》："燕都朝阳门外东岳庙，开山宗师张公留孙始建于元代……其西廊喜神殿，则南府供奉所修，祀奉梨园祖师者也。唯地处幽僻，经久荒芜，甚非崇德报功之所焉。梨园同人，即约集公会，为议事联欢之所……岁戊辰，就正殿楼东北隅静室上下六楹，奉祖师喜神于中，醵资鸠工，顿呈轮奂，洵为盛举。"
梨园会馆 2	借精忠庙为会馆	光绪十三年，《梨园会馆碑》："特立庙于崇文门外西偏，有事则聚议之，岁时伏腊以相休息。"
煤行公会	①咸丰十年，借窑神庙为集会场所。②光绪七年，在庙右边，修建办公之所	光绪七年，《煤行公议碑记》："圈门外有窑神古庙，岁时致祭，奉俎豆，荐馨香，为乡人所趋集。溯自咸丰十年，梁秉俊、孙英贤、马惠孚、张朝玉等始立局于此……今更于庙右隙地，另修墙院，建房十余楹，为岁时办公之所。"
米面同业公会	①无固定场所。②民国二年，设事务所于东珠市口路南。③民国六年，事务所迁移至西湖营路西。④民国十八年，买马神庙庙产为公所	民国二十年，《北平米面同业公会成立暨公廨告成始末》："本会之缘起，实滥觞于马王会……事既结束，乃借祀神名义，举会首十四家，轮流司事。既乏固定会场，更为固定职务，不过岁时报赛，演剧酬神，循例开会，作集众合群，联络感情之举已耳。……迨民国元之二年，铺捐议起……设事务所于东珠市口路南……是表面已具有公会之雏形已。……洎民国六年……会场亦迁移于西湖营路西，如是者有年。……至十八年秋，醵资购得内务府梁文壁之煤市街小马神庙门牌十号房屋一所，计十六间半……公廨基于兹奠定。"

❶　李华. 明清以来北京工商业行会资料集 [M]. 北京：文物出版社，1980.

续表

会馆公所	建造事件	备注 ❶
文昌祠会馆	①同治七年，购得义地。 ②光绪二十三年，购得瓶子庙为会馆	光绪二十四年，《重建文昌祠记》： "今北直刻字行等，恐春秋祀典历久而忘也，爰于光绪廿三年十一月四日，用金陆百两，购得正阳门外樱桃斜街瓶子庙故址，共瓦字十三楹。稍加修葺，择后殿设位祀焉，礼也。前殿旧祀七圣，今仍之…… 同治七年闰四月二日，曾于广安门外曰石桥路南，购置义园二十亩，备行中无力归葬者权厝之所。"
文昌书业会馆	①同治三年，买火神庙为会馆。 ②后陆续添购房屋	光绪三十四年，《北直文昌会馆碑》： "同治三年，置买沙土园路西火神庙一座，添修文昌会馆，名为北人公会之地…… 嗣经孙广盛、魏占云、王光前诸人添购房屋，屡次修葺…… 西房火神殿三间。南北耳房各二间，北正房三间，南房三间。东房六间，临街大门一间，文昌殿三间，东西平房各一间。西北小院，西正房三间，北房一间，南房一间。"
襄陵会馆	借三官庙为公所	民国四年（1915年），《重修襄陵北馆记》： "相传襄陵会馆在都门者有四处，而三官庙为襄陵公所…… 自昔为襄邑商人公所，常年敬神聚议于此。"

5.2.3 厅事：集会办公成为实质性主导功能，独立的建筑办公区出现

5.2.3.1 从会馆到公所

士绅会馆中公共性建筑事务功能有办公和集会两类，但会馆中士绅的公共集会事务皆围绕着科举活动、节日祭祀展开，有特定的活动时间规律，不是日常性、长期性事务办公，对应活动区域相对灵活，建筑面积要求不大。工商会馆的变化特征是，大量日常事务办公需求增加，日常性、长期性办公区域出现。此种内在的功能需求，体现在建筑现象上即为"公所"的出现。办公区的分离，导致会馆的建筑类型发生较大的改变，会馆向公所的转变——从"因祀试而会"到"因议而会"。厅事区域世俗日常的办公性质已经大大不同于早期士绅会馆的严肃和偏神圣的集会特点。

1. 公所

公所是伴随着工商行会的发展而产生的。《清稗类钞》中云："商业中人，醵资建屋，以为岁时集合及议事之处，谓之'公所'。大小各业均有之，亦有不称公所而称会馆者。"有些亦称为"会场""公会"。

"公所"在明清时代的建筑指称，一为官署，一为同乡或同业公会办公处。❶同乡同业公会的"公所"在民国时期也称为"公廨"。"公"在《说文解字》里解释为，

---

❶ 辞海 [Z].

"平分也。从八厶。八犹背也。韩非曰：背厶为公"。可见，在古意里不私即为公。在此书中，"所"被解释为"伐木声也。从斤，户声。《诗》曰：'伐木所所'"。在清代段玉裁的注解中进一步阐明，锯子伐木时候的 suo suo 声音，是"所"的本义，后来假借为"处"，有了处所的意思。故此，"公所"有两层意思：一为公共场所；一为公议之处。可见，"公所"是世俗性建筑，其核心功能是世俗开会、办公决议，类似于现代的办公事务所（楼）。

2. 公所中的办公场所

会馆和公所之相同在于，其接待对象都为同乡（业）人士，都具有相同地域性。其不同之处在建筑上大致有二：其一，公所相较于会馆，更注重场所的公共集会性质，不强求实体房屋，即有场所但未必有实体房屋；其二，若建有馆所，其他功能重要性会有升降，即建设过程中，厅事集会以及后续事务办公的功能上升，而馆宿的功能下降。

相对于早期会馆常驻管理人员仅为长班，公所内已有同乡（业）公会——理事会组织机构，反映在建筑上，集会议事部分从早期的祀神厅堂中区分出来，或厅堂部分被扩建形成独立的办公区域。同时，馆宿的区域却大为缩小，甚至取消，如《京师绸缎洋行货商会织云公所落成记》中载："经始之初，开会于正阳门外长巷三条之长吴馆……唯地苦狭隘，不敷办公。更因僦屋而居，情同逆旅。既不足以系众望，并且无以壮观瞻。爰集同人公议，金曰：购地建筑宜……计面街五，大门一，佛堂三，储蓄室一；进则二门一；又进则正厅五，为同业办公处，翼以东西厢各三；再后则大厅五，东西楼房二十，罩棚一，院中戏楼一，楼后建屋五，值会有公举，则为会处；大门迤东，构屋二，为馆役宿舍；北进则建屋八，所以处饮食备庖厨，共大小房间六十有八。"从此段可知，公会刚成立之时和会馆相似，大都借屋而成，有馆宿功能，但在后期的兴建过程中，在房屋之中除了设置馆役的宿舍，再未见到其他馆宿功能用房。可以说，办公区的扩张和馆宿区的缩小是明清工商类型会馆与士绅类型会馆最重要的区别特征。

出现此变化的原因在于，"会"的内容发生重大变化，建筑（场所）的功能也随之发生较大的转变。早期会馆集会因为科举考试和祭祀，故此功能的核心是馆宿和祭祀。而公所主要集会开会的原因是有日常重要事务需要商议，功能核心变为集会公议，讨论的事务包括生死、公益、日常纠纷方方面面大小事，祭祀神灵成为集会的理由。

5.2.3.2　集会办公场所的演变

1. 从流动到固定，附庙而立

会馆向公所的转变过程，时间上虽有先后，但不是非此即彼，而是两者同步彼此叠合，空间共存。其主要体现在议事区域的独立化。

北京煤行公所的办公场所演变具有典型性，根据光绪七年（1881 年）的《煤行公议碑记》，此公所的演变过程如表 5-6 所示。

附庙而立——北京煤行公所建立过程 表 5-6

阶段	场所变化	备注
第一阶段	因事而起，需要公议（形成公会）（事由：修路）	夫百行皆有事于公议，而煤行公议者为何事？盖因门头沟僻在山陬，宅幽而势阻，凡煤窑处所尽在冈峦起伏之中，驼载往来崎岖不易。每当大雨时行，山水冲刷乱石，壅塞涧道，泉流不平，治之跬步，亦甚难耳。此同行公议所由起也
第二阶段	借用古庙为公议之场所（庙：窑神古庙）	圈门外有窑神古庙，岁时致祭，奉俎豆，荐馨香，为乡人所趋集。溯自咸丰十年，梁秉俊、孙英贤、马惠孚、张朝玉等始议立局于此，收取本地众煤窑驮子钱，仅供修道之费，不使有余
第三阶段	固定场所，通过演戏，形成习例	至例年恭庆窑神，同行演戏，尚赖本地煤行生理各村布施，共成善举，遵行有年，未有异议
第四阶段	以庙为核心，在庙旁正式建立公所，常驻办公	今更于庙右隙地，另修墙院，建房十余楹，为岁时办公之所。赖同行资助，不崇朝而土木告成

从上表可知，此同业公所的建立，经历了从无固定场所—固定场所—独立场馆的建设过程，具有普遍性。而其固定场所的首要选择即为"乡人所趋集"的行业祖师爷庙宇。以庙为中心，借用购买庙宇为会馆公所成为清中后期同业会馆公所建立的主要方式。

2. 从固定到扩大，成为独立的办公建筑

至民国，时代大变革，对于会馆公所发展影响最大的历史事件是打倒神灵运动。民国十七年（1928 年），民国政府内政部行文废止祀孔（即孔庙祭祀），同年颁布《神庙废存标准》，随着众多庙产的国有化，由于众多会馆公所附庙而立，会馆公所归于庙产一类而国有化转为其他用途。留下的会馆公所，中国传统社会中的神祇祭祀影响也逐渐减退消失。相对于传统地区，各种祭祀活动不再进行，使得集会的发起借口消失。随着馆产的国有化，会馆经济运作失去明确的责任管理人，导致大部分附庙而立的会馆公所逐渐走向衰败。

在商业行会发达地区，受西方商业模式影响，行业结成公会成为时代风尚，一些行业公所也从附庙而立的阶段中脱离出来，主动学习西方行会做法，逐渐向现代意义的独立的商业办公事务建筑转型。其建筑功用以商业办公集会议事为主，此类会馆公所中已没有神祇祭祀之位置，如表 5-7 所示。

此类型的公所建造过程，从民国十三年（1924 年）的《北京市钱业同业公会建筑会址记》中可见一斑，如表 5-8 所示。

独立建设——北京钱业同业公会建设过程 表 5-7

阶段	会址	备注
第一阶段：租赁房屋	民国十七年—民国二十七年，银钱号公会创立。赁屋而居，会址多转移	北京钱业同业公会，创自民国十七年秋，原名银钱号公会。二十二年改组为银钱业同业红会。二十四年炉房公会并入本会，始为钱业同业公会。 初以前门外北孝顺胡同十三号位会址，二十五年迁移东珠市口五十七号，二十七年又迁移廊坊头条劝业场内。 凡此播迁，多赁屋而居，以致转徙靡定
第二阶段：购得房产	购得前门外西河沿住房一所。楼房四十栋，平房十一栋	泽生忝为会长，睹斯现象，于是有购置会址之提议…… 然卒以各委员之努力，购得前门外西河沿二百零二号住房一所，计楼房四十栋，平房十一栋，用作会址，尚觉适宜
第三阶段：改建	①拆：后院楼房。 ②改建：南面改建成大会场五间，北面改建客厅五间。 ③加建：屏门一道、厨房一间、厕所一间。 ④其余房间，修饰一新	惟栋梁倾斜，装修剥落，假此集会，仍不免有风雨侵袭之虞。而重建改建之议，遂因之而起…… 议将后院楼房全部拆卸，南面改建大会场五间，北面改建客厅五间。东西平房各三间，前院各屋及临街五间，就原有基址，修饰见新，改换外貌。并添筑屏门一道、厨房一间、厕所一间…… 经始于三十年二月，至五月落成

独立专门的工商会馆办公类会馆公所建筑布局举例 表 5-8

名称	建筑功能及用房组成					备注
	接待	办公	会议	住宿	附属	
京师商务公会	大门、门房、接待室	正厅和厢房	大厅和厢房	无	储蓄室、厨房、厕所	宣统元年，《京师商务总公廨落成记》："自宣统元年暮春迄于孟冬，厥工始葳。计街屋五楹，内大门一，门房二，接待室二。进则二门一。又进则正厅五楹，为总、协理办公处，翼以东西厢房各三。迤后则大厅五楹，为各行商开会处，翼以东西厢房各一。最后院建屋五楹，为储蓄室。大门以西构屋两楹，所以处饮食、便车马。共大小房间三十有二，周旋有容，庖湢咸备，华不伤侈，坚可持久。"
五金行公会	号房	办公厅	会场、礼堂	宿舍	厨房、厕所、洗衣房	民国二十四年，《五金行公会碑》："爰于二十三年十月，购置崇外大街五十四、五两号市房一所。绘图勘测，葺而新之，阅四月而落成。如会场，如礼堂，如延宾接待之室，如办公书记之厅。以及号房、宿舍、庖湢、浣池、门墙、甬道，莫不轮焉奂焉，直于会务竞进而俱美。"
北京钱业同业公会	接待室	客厅	会场	—	厨房、厕所	民国十三年，《北京市钱业同业公会建筑会址记》："议将后院楼房全部拆卸，南面改建大会场五间，北面改建客厅五间。东西平房各三间，前院各屋及临街五间，就原有基址，修饰见新，改换外貌。并添筑屏门一道、厨房一间、厕所一间。"

5.2.4 娱乐：成为标志性建筑功能，专门性的演戏区出现

京师之中会馆中建戏楼、戏台和罩棚，在工商会馆中开一时风气，献戏设供。工商会馆建设戏楼和罩棚，场馆从露天室外转向封闭性室内空间，是与士绅会馆区别的另一重要的特征。各地区工商会馆中设置戏楼和罩棚最早的为徽商银号会馆的"正乙祠"，数量最多的为晋商会馆。山西地区工商会馆在京师现在遗存数量皆最早最多，对

京师风气影响最大，《重修临汾会馆碑记》中云："国朝龙兴伊始，我邑之宦于京师者为最盛；即巨商大贾，我邑之牟利于京师者，亦视各属为最多。"风气一开之后，其他地区工商业会馆亦相仿照建设，随后从京师传遍全国，成为工商类型会馆的基本布局方式。北京地区建有戏台戏楼的会馆如表 5-9 所示。

北京建有戏台戏楼的会馆   表 5-9

所属省份	会馆名称		性质		建造时间		备注
	名称一	名称二	士绅公车	工商业	会馆	戏楼	
北京	当业会馆	—		●	清		
	惠济祠	梨园会馆		●	—		
	精忠庙	梨园会馆		●	清雍正十年（1732年）		
	药行会馆	—		●	清嘉庆二十二年（1817年）		
	织云公所	—		●	民国三年（1914年）		《京师绸缎洋货商会织云公所落成记》："计面街屋五，大门一，佛堂三，储蓄室一。进则二门一。又进则大厅五，东西楼房二十，罩棚一，院中戏楼一，楼后则建屋五。"
	煤行公会	—			—		
浙江	越中先贤祠	稽山会馆、浙绍乡祠、浙绍会馆	●		清康熙乙丑年（1685年）		《越中先贤祠总登记表》："不动产：本祠内外房屋共二百五十三间，罩棚一座，砖井一眼。"
	正乙祠	银号会馆		●	清康熙五十一年（1712年）		
	全浙会馆	—	●		清雍正时期		
	浙慈会馆	财神庙成衣行	●		清光绪三十一年（1905年）	清光绪三十一年（1905年）	光绪三十一年，《财神庙成衣行碑》："幸经前成衣行回首，在于京师城内外，商同各铺掌柜、伙友出资，在于南大市路南，创造浙慈馆，建造殿宇、戏楼、配房，供奉三皇祖师神像。"
湖广	湖广会馆	—		●	清嘉庆十二年（1807年）	清道光十年（1830年）	《湖广会馆等级表》："不动产：正院楼房三间即乡贤祠，前院东房六间、南房三间。后院北房五间，南楼一大间，西院北房三间，又西院南北房六间，东院房十二间，戏楼一座。又临街铺房二十五间。"《重修湖广会馆碑记》（1830年）："今春正月，公议重修，升其殿宇，以妥神灵，正建戏楼盖棚，为公宴所。"
	湖南会馆	—		●	清光绪十三年（1887年）		

续表

所属省份	会馆名称		性质		建造时间		备注
	名称一	名称二	士绅公车	工商业	会馆	戏楼	
安徽	安徽会馆	—	●		清同治十年（1871 年）		《新建安徽会馆记》："中正室，奉祠闵、朱二子，岁时展祀。前则杰阁飞甍，嶕峣耸擢，为征歌张宴之所。"
山西	平介会馆	颜料行会馆		●	清		
	平遥会馆	颜料行同业公会、颜料行会馆		●	清康熙十七年（1678 年）	清乾隆六年（1741 年）	清乾隆六年（1741 年），《建修戏台罩棚碑记》："每岁九月，恭遇仙翁诞辰，献戏设供，敬备金钱云马香楮等仪，瞻礼庆贺。今于乾隆六年，岁次辛酉，凡我同侪，乐输己资，共成胜事，于大厅前，建造戏台罩棚一所。"
	汾阳会馆	—	●				《汾阳县旅平同乡会总登记表》："不动产：房屋戏楼大殿共一处计八十二间半。"
	洪洞会馆	—		●	清乾隆二十二年（1757 年）	清乾隆五十一年（1786 年）	《洪洞会馆总登记表》："历史及沿革：乾隆五十一年增建戏楼五间。"
	潞安东馆	—		●	清乾隆十一年（1746 年）		《潞郡会馆纪念碑文》："为布告事：本厅执行刘伯川等诉朱兰田等租房一案：民国七年一月二十二日，朱兰田曾将所租广渠门内东兴隆街炉神菴一所，共四十七间，并戏台罩棚，点交刘伯川接收。"
	阳平会馆	平阳会馆	●		清顺治初年		
	临汾东馆	临汾乡祠			明		乾隆三十二年，《重修临汾东馆记》："今于乾隆丙戌之夏，重建殿宇，以妥神灵，外及厅堂两庑戏台等处，咸加修茸。"
	临襄会馆	油行会馆		●	—		民国二十一年，《临襄馆山右馆财神菴三公地重修建筑落成记》："山右会馆，于民国三年改修罩棚后台。"
	山西会馆	老爷庙		●	民国初年		
	潞安会馆	—			—		
	三晋会馆	—	●		清康熙六年（1667 年）		
	晋冀布行会 1 馆（通州）	晋冀会馆		●	清乾隆四年（1739 年）		《三圣会碑记》："神殿增辉，舞楼焕彩。"

续表

所属省份	会馆名称		性质		建造时间		备注
	名称一	名称二	士绅公车	工商业	会馆	戏楼	
山西	晋冀布行会2馆（北京小蒋胡同）	晋冀会馆		●	清雍正十三年（1735年）		雍正十三年，《创建晋冀会馆碑记》："中厅关夫子像，左间火神金龙大王，右间玄坛财神。龛座辉煌，烛儿焕彩，享献有殿，奏格有台。"光绪八年，《重修晋冀会馆碑记》："是殿初建于中院偏北近于墙垣，殿前有卷棚、大厅、罩棚、戏台，无不细备焉。"
	浮山会馆	—		●	清雍正七年（1729年）		《浮山会馆金妆神像碑记》："其馆北位五圣像，神德灵应，佑我商人；南建演乐厅，依永和声，仰答神庥。"《重修浮山会馆碑》："馆内大小三院，前后两院原有房二十余间，西院正面有，五圣神殿一间，左右耳房各一间，西楼罩棚共十二间。""唯舞台以前之罩棚三间，神殿以前之院地，新起为罩棚三间。"
	河东会馆	烟行	●		清雍正五年（1727年）	清乾隆三十五年（1770年）	《建立罩棚序》："椭楹如故，不事更张。黝垩情深，宁忘壮彩……环之以崇楼，覆之以大厦。"
福建	福建会馆	财神馆	●		清光绪三年（1877年）		
	延邵会馆	纸商会馆	●		清道光十六年（1836年）		戏台前也有"安澜永庆""裕国佑民""响遏流云""赏心悦目"等题匾。戏台也有柱联云："疏缓节兮安歌，水肥帆饱恩波远；陈瑟竽以浩倡，楚尾吴头利泽长"。每年纸商多于十月入京售纸，例必演戏娱神，酬祭妈祖
江西	江西会馆	—	●		清		
广东	粤东新馆	—			—		

　　工商会馆中演戏区的演变，经历了从大厅内堂会到院内戏台、戏楼，再到室内剧场化的三个过程。

　　1. 工商会馆演戏场所的固定化——戏台和戏楼的出现

　　早期会馆中演戏具有依附性质，作为祭祀之后和宴集之时的必要助兴活动，所谓"会非戏则不聚，聚不久则情不畅"❶，和其他场所（大厅、庭院）共用，没有固定的演出舞台区域，演戏的功能为娱乐辅助。堂会演戏场所随演随搭，临时性特征强，如通

---

❶　清康熙四十六年，云南《土主庙戏台碑记》。

过铺垫一块地毯，就可立即圈定出一块演出区域，随着演戏频率的增加，渐渐产生需要固定场所的需求。

随着会馆的发展，会馆中演戏从临时性转向日常性和固定性，演戏的日常娱乐性功能大幅度增强，其支持之建筑场所也随之变化配合，出现固定舞台区域，即会馆中的戏台和戏楼。

戏台和戏楼是江湖艺人"撂地为场"旧俗在场所上的自然演进结果，场所和空间限定，经历了露台（空间抬起）—勾栏（勾花矮栏杆围合）—舞亭乐楼（台上加顶）—乐棚（四面围合），最后统一叫戏楼的过程。

2. 工商会馆演戏观演的室内剧场化——罩棚

现代意义的剧场，场所固定、观演分区明确。剧场根据所处环境，可分为露天剧场、半露天剧场和室内剧场三种。古希腊凭山而建的剧场即为典型露天剧场。而半露天剧场往往是某一个区处于露天环境中，如中国的神庙戏台，戏台部分有顶盖，而观众区却在露天。室内剧场即剧场各区域皆覆顶，会馆中的堂会演戏随着演出场所的固定化、观众人数的增加、观众区域的扩大，逐渐向室内剧场方向转化。早期会馆中堂会演戏，即为室内演出性质，但由于中国传统房屋的庭院式布局，庭院又具有露天性质。

由于会馆中的观众地位一般较矜贵或都是乡亲，故观众席的设置都较为讲究，往往坐于堂上，或至少立于廊下以避风雨。随着观众人数的增加，观众区扩大，逐渐占据庭院空间，同时北方地区气候较为寒冷，春节前后的冬季又为戏目上演密集时段，为提供更好的观演环境，自然而然出现了将演出戏台和观众座椅区包容在一起的罩棚，形成了具有现代剧场性质的封闭室内观演场所。

会馆中演戏场所的室内剧场化的演变过程，可从北京清代较早建立的山西颜料行会馆的建造过程看出。如表 5-10 所示。

山西颜料行会馆演戏场所演变　　　　　　　　　　　表 5-10

阶段	时间	建造事件	演戏场所	备注 [1]
第一阶段	康熙十七年	重修原仙翁庙大殿及后阁	大殿前庭院	《重修碑宇记》："于是敬卜吉期,重修大殿……又及后阁"
	康熙四十九年	重修		《建修戏台罩棚记》："又于四十九年,复行重修找补。每岁九月,恭遇仙翁诞辰,献戏设供。敬备金钱云马香楮等仪,瞻礼庆贺。"
第二阶段	乾隆六年	大厅（大殿）前建造戏台、罩棚一所	戏台、罩棚	《建修戏台罩棚记》："今于乾隆六年……于大厅前,建造戏台罩棚一所。"
	嘉庆二十四年	重修,旧制依然		《重修仙翁庙碑记》："他如乐亭厢廊,楼阁层叠,凡所以妥神灵而肃拜瞻者,前人之缔造,其谋盖深且远矣……盖旧制依然也,而气象迥异矣。"

---

[1] 李华. 明清以来北京工商会馆碑刻资料选集 [M]. 北京：文物出版社，1980.

清代地方戏曲广泛传播，北京和扬州分别成为北南方的戏曲演出中心，各地方戏班"花部乱弹"地进京交流，进京先需在同乡会馆中进行堂会演出，会馆也成为"花部乱弹"驻京的重要依托。

工商会馆中观演区的建筑做法，随后影响到士绅会馆。观演区中的戏台戏楼大小、建筑装饰方式、观众席的座位多少，成为各地区工商会馆中最激烈的竞争之处，竞争之下，该建筑功能区成为各个会馆可识别性的建筑特征。

5.2.5 殡葬：对该功能的高度重视，建筑面积不断扩张

对于义园义地的高度重视，尤其体现在中国传统行业中被认为较为低贱的行业性会馆的建设中，最典型的例子是河北南枣义馆，创立于清乾隆四十二年（1777年），目的是为南宫、枣强两县从事编箩圈的手艺人，"其念两县贫穷无力之乡人，死后无公共仃灵及葬埋之地，有诸多不便"❶ 而创立。创立之初有房39间，占地0.8亩，主要用于停灵，房屋主要用于公祭，性质主要为殡所，但随后义地集腋成裘，增至50亩。

许多行业性会馆开始建立即为殡仪馆，如浙江鄞县会馆，即由明代鄞县药材行集资筹建，专供本籍亡故者停柩及春秋祭祀。又如京师梨园行，就有春台义园、安庆义园、潜山义园、安苏义园。如《梨园馆碑记》云："义冢，朋友以义合者也……夫梨园为小技，梨园之子非大人之侣、非君子之侪，而持其患难死生，必无有异情焉者。又况背井去家，寄迹数千里，外亲族党所不能顾向，而一抔之土未营，七尺之躯安托？众等恻焉念之。义冢之设，盖诚笃于义者也。"也可见，身在异乡，传统的宗族纽带已经断裂，而更多地倚重的是朋友、同仁，更强调传统伦理中的朋友之"义"。而北京义地的设置，"在易涝的东南部和南边的外城根"❷。

工商型会馆的殡葬区总体数量大，但在城市郊区中较为分散，和会馆在空间上分隔。

5.3 工商类型会馆和士绅类型会馆的建筑功能比较

如果说士绅会馆是代表国家普适性上层儒家精英文化的会馆，则工商会馆是代表地域民间性文化的会馆。士绅会馆具有极大的限制性，只能出现在京师和省府等有科举考试的政治文化中心。而工商会馆则由其天然的民间性和地域性，可以随着人群流动广布全国。工商会馆也成为移民地区主要借鉴和采用的会馆的形式。工商类型会馆和士绅类型会馆在建筑功能和形制的比较如表5-11所示。

---

❶ 白继增，白杰，著. 北京会馆基础信息研究 [M]. 北京：中国商业出版社，2014：74.

❷ 李二苓. 明清北京义地分布的变迁 [J]. 城市史研究，2011：12.

工商类型会馆和士绅类型会馆的建筑功能比较　　　　　　　　　　　　　表 5-11

会馆类型\建筑功能	工商会馆	士绅会馆
馆宿	非主体，短期使用，流转周期快。建筑面积传统，为会馆总建筑面积的百分之五十以下，到后期基本萎缩不见	主体，长期使用，流转周期慢，建筑面积大，常占据该类型会馆总面积的百分之七十以上
祭祀	主体，按例祭祀，混祀。场所为厅和后寝	主体，按例祭祀，儒家祭祀。场所为厅和后寝
厅事	公议，场所为公厅。日常办公和演戏分化出独立的区域	议事，会客，讲学备考。场所为公厅
娱乐	演戏，场地为独立的戏台和罩棚	堂会演戏，厅事一部分，场地为厅
殡葬	主要提供给行业各人。条件较寒微。义园义地和会馆空间关系灵活	主要提供给科举考生。条件较好。义园义地和会馆空间关系灵活
仓储	工商会馆靠近水运码头处，会有较大的暂时货物仓储空间	储存空间，主要为后勤服务部分，不提供货物储藏

一言以蔽之，士绅会馆是精英式的，而工商会馆为民间式的，此为会馆建筑的两大主要类型。代表上层官方文化精英式的士绅会馆对于工商会馆起了带头示范的作用。工商会馆参照士绅会馆建筑类型后，根据时代和社会的发展，逐渐形成具有自身建筑特点的建筑类型，并且反向影响了士绅会馆后期的建筑演变。移民地区的移民会馆，由于主导建造的人群主要为工商群体，故此移民会馆是以工商会馆为基本的类型模式结合移民地区的区域特点进行适应改建，这将在第 6 章中予以论述。

5.4　明清他乡江西工商类型会馆的建筑特点和实例

5.4.1　江西工商人口他乡流动构成和特点

江西工商会馆建筑的基本特点和演变特征具有工商会馆的普遍性特征。其自身特点和江西工商人口的贸易和生产经营活动密切相关，他乡江西工商类型会馆的具体空间分布参见第 2 章论述。

5.4.1.1　商：江右商帮的主要构成

商人群体，江西商人，在本省行商为坐商，对外地域贸易形成江右商帮，在明代形成，最鼎盛时期为明末清初。江右商帮，按各行政区划又可以细分成若干府县级商帮。对外贸易，实力较强的为南昌商帮、抚州商帮和吉安商帮，此三大商帮于江西传统科举文化兴盛之处在地域上叠合，分别代表了豫章文化和庐陵文化两个文化圈。大体上读书吉安人占先，工商经营南昌人更优。

1. 南昌商人

明初即对外输出，"地窄民稠，多以手艺教书为食，趋食四方，南北要途，居辙成市，名曰南昌街……南昌、丰（城）、进（贤）商贾工技之流，视他邑为乡，无论秦、蜀、齐、楚、闽、粤，视若比部，浮海居夷，流落忘归者，十常四五"❶。

2. 抚州商人

明代也为对外输出的江西本土最重要地区之一，"为商贾三分之一""作客莫如江右，而江右莫如抚州""吾乡富商大贾皆在滇云"。抚州离南昌一百多公里，在文化和习俗上较为相近，同属于赣东北文化圈。

3. 吉安商人

吉安工商人口在明初即对外流动，有当地谚语云："吉安老表一把伞，走出家门当老板。"吉安毗邻湖南，明清之际曾专修一条通往湖广的青石板路。

4. 饶州商人

饶州为赣东北传统经济发达地区，在区域经济中和浙江、安徽、江苏联系较多。饶州商人在全国具有一定影响力的行业为瓷器业和茶叶。

江右商帮，主导的经营行业为粮食业、盐业、茶叶、桐油、瓷业、药业、文具业、土特产杂货业和采矿业。在外省，在盐业、茶叶、采矿业出现了实力雄厚的江西商业巨贾。这些巨贾往往也成为他乡江西工商会馆建设推动的领袖人群。如扬州江西会馆的建设由吉安盐业富商周扶九主要投资，贵州石阡的江西会馆由吉安商人刘尔铠大力推动。

5.4.1.2 工：采矿工人流动的显著性

江西本土兴盛的手工业主要为陶瓷业、制药业、文具业、纺织业和开矿业。陶瓷业集中在瓷都景德镇，制药业集中在药都樟树，造纸业在赣东北，纺织业在赣全省，开矿业在赣全境。瓷都和药都主要吸引外省手工业人口，作为行业中心，手工业人口主要为输入，少部分人口对外输出。这些地区也成为江西本土、外省人士在赣修建会馆的集中地区，此为另外一个课题所要展开研究的内容。而大量手工人口输出的行业为采矿业，明初全国铜场，仅有江西德兴、铅山两处，产生了大量采矿工人，至清，云南楚雄、大理、永昌、曲靖、姚安等地发现大量铜矿，清政府将铜钱铸造的来源铜矿转向云南，江西开矿工人伴随着移民潮大量向云南地区集聚，并且把控了当地的铜矿采集行业，兴建行业性较强的工商会馆。

同时，江西在外省也有大量工商人口从农业人口转变成工商人口，是因为农业移民进入城镇之后，缺乏耕地，为谋生计转成工商人口。

❶ （万历）南昌府志·卷三·风俗 [M].

5.4.2　江西工商类型会馆的建筑总体特征

会馆建设需要一定的形式和必备条件，根据第 2 章江西会馆在全国的分布可知，江西工商类型会馆主要分布在南北进京干道沿线重要城镇和东南传统发达地区，其后有西南移民地区的工商贸易区。其具备以下特征。

5.4.2.1　传统发达城市适应性建造，发展地区特色性建造

在明清经济文化发达的大城市，如北京、苏州、扬州、上海等地，由于当地自身政治、经济、文化强大，当地已经形成了一个普适性的文化规则，故此江西会馆建设中，更多地体现于对当地房屋的适应和对于该地区通用性会馆建筑类型规则和形制的追随，其原乡地域性特征并不明显，往往只体现在楹联、匾额等文化性的建筑标榜上。而在新兴的经济发展地区或者移民地区，江西工商移民成为当地经济的重要参与者，与不同地区移民的工商人士相互竞争，故此在这些地区之中，江西工商类型会馆的建造会更加强调地方建筑特点。

5.4.2.2　祭祀对象的江西地方性，江西原乡祠庙原型使用明显

江西工商会馆中祭祀对象三神具备，即原乡神、行业神、财神，民间性和地方性极强。原乡地方神普遍祭祀对象为省级的许真君，府级的萧公、晏公，神灵祭祀皆有水神信仰之偏向；行业神祭祀主要为药业的神农、孙思邈、葛洪，文具业的蒙恬、文昌帝等；财神祭祀有文财神赵公明，也有武财神关公，但因关公有更多的价值内涵，如忠义之内核，故财神祭祀以关公为主。

工商会馆的最主导方式为以庙为馆，故此原乡祠庙原型在工商类型会馆中体现最为明显。

5.4.2.3　地方建筑装饰语言的广告性、传播性

商业性建筑最重要的特点即为其广告性特征，以显示其自身的实力，故此往往具有地方和行业的高度广告性和夸张性。如汉口江西会馆瓦面全用瓷砖砌成，标榜江西瓷器行业的实力雄厚。江西工商类型会馆为炫耀实力，往往将会馆建设得尽可能富丽堂皇，高大壮阔。

5.4.3　江西工商会馆的建筑类型分类和实例分析

江西工商会馆建筑类型，根据江西工商人口发展和地区建造的不同，以几个工商重镇为代表可以分为两类：一类为适应他乡地区建筑改扩建的会馆，如北京"合院型"的吉安惜字会馆和扬州的"宅园型"的江西会馆；另一类为以原乡祠庙为神庙原型所建造的会馆，如天津漕运江西会馆和汉口江西会馆。

5.4.3.1 类型 A-II: 普遍结构之适应他乡住宅建筑型

实例 1: 北京"合院型"的吉安惜字会馆

"在京江右商以瓷器商、茶商、纸商、布商、书商、药材商为多。江西书商中，以抚州人居多。"❶ 江西在京会馆主要为士绅会馆，工商行业性会馆较少，目前可考只有和科举考试较为关联的文具业的吉安惜字会馆。吉安惜字会馆规模狭小，只有一进三合院落，直接使用北京地区四合院住宅的形式。对应于北京士绅会馆数量之庞大，其数量少，规模小，皆说明江西地区以科举为重的文化特征。

实例 2: 江南"宅园型"的扬州江西会馆

1. 盐商会馆特点

扬州为京杭大运河上重要的中转城镇，因盐而盛，乾隆后期就有会馆建设，但盐商主要专注于自身私家宅园的兴建。嘉庆年间，白莲教叛乱，扬州城遭到重大打击，后又经历太平天国运动，到光绪年间开始恢复，会馆建设亦重新复兴。

江西盐商在此地较早就建设有本省工商会馆。江西以盐商为主导的工商会馆，具有扬州盐商会馆的共性，即大都由盐商的住宅捐舍或者买宅园而来，一般属于大中型扬州宅园式住宅。其基本特点是，中部为大厅公共部分，而东西两路为住宅部分，或者为休闲娱乐的花厅。苏州、扬州为南方戏曲中心，园林中水景为主景，故此一般在园林内面对花厅临水而设置戏台。盐商会馆以享乐为名，借以巴结官府，娱乐项目主要为宴饮和娱乐观曲，故会馆大都设有戏台，如图 5-1 所示，但戏台为私家园林的小戏台，容纳人数有限，小众性极强。盐商会馆属于富商式会馆，盐业专营主要来自官府，对于同籍乡人并无身份行业的兼容性。捐宅而成的会馆，其与本地民居的不同在于其入口大门，显示出公共性特征，大门会改建成牌楼样式，如扬州盐商会馆的入口大门。

江南地区会馆和北京地区会馆，虽然都具有舍宅/捐宅为馆之来源，但这种民居式的会馆，南北的区别则在于其会馆中是否设有园林，以及园林的建筑风格。在北京地区会馆中，戏台设在正厅/正殿之前后，以神为主体，娱神性质强，如北京晋商会馆特点最为突出。在江南地区会馆中，戏台作为娱乐场所，一般都设在后花园中，面对花厅，以人为主体，娱人性质强。

2. 江西盐商会馆

据文献记载，江西在扬州的会馆有三所：一所为省馆；一所为府馆；一所为和他省的联合会馆。三所会馆皆重建于晚清之际。

1）省级会馆

据历史文献记载，扬州江西会馆位于南河下湖南会馆东侧，为扬州传统的盐转运干道沿岸，也为盐商在扬州的重点集聚区和住宅区。此会馆为江西盐商于清光绪年间（1875—1908 年）捐资购建，以经营盐业为主；清光绪三十三年（1907 年），淮南众运

❶ http://new.qq.com/omn/20180118/20180118B020WZ.html.

商曾在江西会馆开办"运商旅扬公学";1937 年毁于兵火。

江西会馆由两部分组成,第一部分为庙宇形制的公共部分,第二部分为庙宇对面的扬州私家园林式的宅园——庾园。

公共部分,民国王振世所撰《扬州览胜录》载:"江西会馆,在南河下,赣省盐商建,大门中、东、西共有三。东偏大门上石刻'云蒸'二字,西偏大门上石刻'霞蔚'二字,为仪征吴让之先生书。首进为戏台,中进大厅三楹,规模宏大,屋宇华丽。每岁春初,张灯作乐,任人游览。大厅东西两壁悬'水篆'二十四幅,绘许真人斩蛟故事。"

私家园林部分,庾园。"庾园在南河下江南会馆对门,赣商鹾商筑以觞客者。园基不大,而点翠机精。花木亭台,各擅其盛,颇有庾信小园之遗意。园南故有歌楼一座,每年正月二十六日,为许真人圣诞,鹾商张灯演戏,以答神庥。座上客为之满。嗣以鹾业渐衰,此举早废。"❶ 庾园取自于北周著名文学家庾信的《小园赋》中之意境而造园,即"名为野人之家,是谓愚公之谷"的野趣。"有棠梨而无馆,足酸枣而无台。犹得敧侧八九丈,纵横数十步,榆柳三两行,梨桃百余树。拔蒙密兮见窗,行敧斜兮得路。蝉有翳兮不惊,雉无罗兮何惧!草树混淆,枝格相交。山为篑覆,地有堂坳……一寸二寸之鱼,三杆两杆之竹。云气荫于丛蓍,金精养于秋菊。枣酸梨酢,桃榹李薁落叶半床,狂花满屋。名为野人之家,是谓愚公之谷。"

根据文献记载,推测复原图如图 5-1 所示。

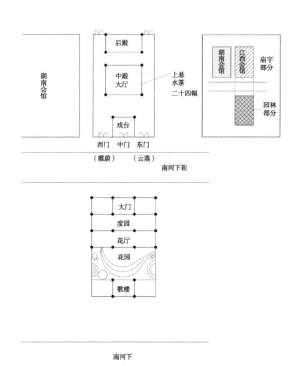

图 5-1　扬州江西盐商会馆推测图

---

❶ (民国)王振世.扬州览胜录 [Z].

2）府级会馆

周扶九将自己十二圩古街的住宅捐出，舍宅为吉安会馆，颇有会馆形成之古风。

3）联合会馆

目前仍有遗存的为江西和湖南、湖北、安徽三省的联合会馆，即丁家湾的四岸公所，也是建于晚清。四岸公所占地四千余平方米，南边三十余米，北边十余米，南北总长一百六十余米。房屋九十余间，由东中西三列院落并联形成，中路为公共主厅，有若干进，现在遗存为第三进的楠木厅，中路之间天井东西厢房往往做成两层楼屋；中路和东路之间用火巷隔开，中路、东路处有共同的院落，内设花台（戏台），东路五进；西路主房前后五进，面阔三间，偏厅有园林。整个四岸公所东靠贾府。借鉴已有贾氏庭院平面可推测，四岸公所的平面建筑形制大致类同，贾氏庭院平面如图 5-2 所示。

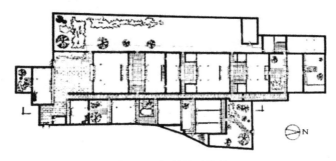

图 5-2 扬州贾氏园林

（资料来源：陈从周.扬州园林 [M].上海：同济大学出版社，2007）

此类型工商会馆为适应当地的民居形成，会馆开放接待的是小众群体，封闭性较强。

5.4.3.2 类型 B-Ⅱ：原乡祠庙原型扩建

实例 1：天津漕运江西会馆

天津漕运江西会馆，是以手工业主导在重大城镇，以庙为中心扩建而成，乃根据江西原乡祠庙原型——南昌万寿宫而建设。

1. 建筑历史沿革

天津江西漕运会馆是较早的江西在全国的手工业行业性会馆。

天津为进京师门户，江西北上进京官方大宗物资有固定航期的为漕粮和瓷器，漕粮抵达津门后，抛锚停留在南运河侯家后报到，随后漕粮入天津北仓；瓷船在天津中途停留，随后北上入通县进京交库；除去大宗固定航期的漕帮和瓷帮，还有非固定航期的其他行业船帮（如木材、纸张、夏布、烟丝、茶叶、药材），这些江西籍贯船帮人士，在离乡千里之外，原乡感被浓烈激发，故此各船主船工共同捐资建设同乡集会场所。船帮靠水生活，故祭祀水神，强调航运护航。船帮和瓷帮早期主要成员为南昌府、饶州府人士，故该地区水神护航福主为许真君。首先在运河临水码头建造真君庙，随后以真君庙为中心，各项服务于船帮暂时停留的生活设施兴旺，形成生活街区，逐渐发展繁荣，达到一定发展程度后同乡会组织机构成立，随后购买地皮房产，建立江西会馆。

天津江西万寿宫建于乾隆十八年（1753 年），豫章会馆设于其间，主要为漕运船帮所设立；庚子年间，毁于战火，后江西漕运船帮和瓷商合资重建，改名江西会馆；1935—1937 年，转为江西小学。

2. 建筑布局和特点

江西会馆位于天津北门，主入口在锅店街，是一个大型建筑群落，由庙宇部分和会馆部分组成。庙宇部分为万寿宫，坐北朝南布局，庙宇西侧为会馆部分、馆宿部分和商业铺房，周边为江西籍人士生活的聚集街区。

八国联军侵华之时，江西会馆烧毁，后在原址缩小规模重建，占地一亩六分。原江西会馆锅店街大门改为北马路，对比新旧两会馆，可知轴线方向发生改变，前后对调，从前院后殿式变成前殿后院式，此乃对于建筑功能和布局的调整。入口前院大门为戏楼，中部大殿一座，两侧东西厢楼房一座，后作为酒楼，庭院内建成罩棚，大殿对面为戏台。后院房间为值班、长班房和会客室，东西平房为会馆平时的办公区。

江西会馆在西关外的李家院有老义地一段 2 亩，新义地一段 2 亩，共计埋葬一百七八十人。在宜兴埠二道桥有义庄，义庄内有停厝馆舍 15 间和义地 24 亩。明清时期人士讲究修阴德阴功，故义园义地为手工业型会馆中最为重视之部分。

天津江西会馆是以江西本土祠庙原型 B 直接在天津扩建而成，最能体现出原乡原型到他乡类型之间的基因上的继承。

实例 2：汉口江西会馆

1. 建筑历史沿革

汉口，是明清重要工商重镇，"九分商贾一分民"，但"码头大小各分班，划界分疆不放宽"[1]，各商帮有自己的码头和地界范围。大量江西工商人士在汉口经商，建设了江西会馆。汉口江西会馆即江西"万寿宫"，由江西南昌、临江、吉安、瑞州、抚州、建昌六府在汉商号集资十万银两建造而成。位于现在江汉区万寿街，始建于清康熙六十一年（1772 年）；1852 年，作为太平军东王杨秀清王府半年，有金丝批垫、围幔、八仙椅等文物遗存至今；1920 年，利用宫内的厢房，办豫章商务学堂；1934 年被国民党警备驻军故意纵火，烧毁大殿；1938 年，后花厅被日军炸毁；1946 年，利用残余房舍，办豫章中学；中华人民共和国成立后，被市政部门接管，文物被收入武汉省博物馆；1953 年，改为武汉市第七中学。为当时汉口最为壮丽的建筑之一，建筑占地约 4000m²，结构简单壮硕，体形简朴，气魄雄伟。

遗址有 150 年银杏两棵，清道光年间"文光西照"的麻石门匾，应为通往万寿宫

---

❶ 沙月. 清叶氏汉口竹枝词解读 [M]. 武汉：崇文书局，2012：27.

过道的门匾，刻有"云衢"的汉白玉匾以及彩绘人物花坛、清代景德镇烧制的瓷砖、琉璃瓦、青砖等。据调查，万寿宫旧址地下还埋藏有一部分琉璃瓦、瓷瓦等建材及其他文物。

2. 建造特点

1）选址

查阅民国 1920 年地图，可见汉口江西会馆 / 万寿宫的选址在汉江和长江的交汇处，为大江大河水运干道之处。比较有特点的是万寿宫所在的万寿街和旁侧的豫章巷，还有沿江的咸宁码头。其直通码头的选址，具有重要战略和军事地位，也能理解为何成为太平天国东王府的指挥所在。根据汉口商业的码头帮派特征，可以认定在此形成了一个靠江的江西工商人士聚集的街区，以南昌府人士居多。在此聚集区内的最大公共建筑即为万寿宫，成为街区的核心。明代，江西南昌府工商人士即大量前往汉口经商贸易，从时间上可以推出，街区形成在先，庙馆建设在后，在地图上，此处显示的建筑性质为庙宇。可见此江西会馆亦为"附庙而立"的工商型会馆，平面选址如图 5-3 所示。

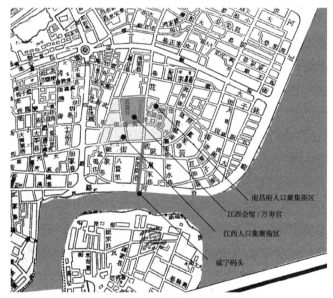

图 5-3 江西会馆在汉口的选址和街区
（资料来源：底图源自民国汉口地图）

2）平面建筑形制

平面以庙为本，汉口江西会馆参照南昌铁柱万寿宫的宫庙形制而建。根据历史文献记载，大门为宫墙牌楼式，门两侧蹲石狮；进入大门第一院落，面对正门大殿为戏台，戏台前院落宽敞，可容纳数千人；西厢为仁寿宫，中为主殿，东厢为扶桑宫；主殿后部为小殿；小殿后侧为后花园，布置有假山荷池、亭台楼阁。

３）建筑样式特征

第一，地域建筑样式缩微化、片段化

现存的汉口江西会馆／万寿宫的文献照片有两张。一为大殿内的局部神龛区，二为后花园之塔顶和塔身局部。分析这两张照片，发现皆有将江西地标建筑进行缩微化处理的手法，以强调会馆本身的地域性特征。

在主殿的神龛区，虽号称为万寿宫，但并没有直接放置万寿宫福主许逊的塑像，而是将南昌地区铁柱万寿宫的牌坊大门直接缩微化，做成神龛；在万寿宫牌坊神龛的右侧亦有一缩小的建筑牌楼神龛，从屋顶样式来看，为祠堂形制，推测为财神，既有江西地域性，又具备了工商性之特征。在塔阁的照片中，如果对比一下，就能发现此塔为南昌绳金塔的局部缩微仿造。南昌绳金塔为唐以来南昌地区的地标性建筑，八面七层，塔楼的飞檐翘角皆峻急，唐宋遗风浓厚。如图 5-4 所示。

缩微
处理

（a）　　　　　　　　　　　（b）

（c）　　　　　　　　　　　（d）

图 5-4　汉口江西会馆的缩微化处理

（a）汉口江西会馆后花园内楼阁；（b）汉口江西会馆内神龛万寿宫；（c）南昌绳金塔；（d）民国南昌万寿宫大殿
（资料来源：网络下载）

第二，地域建筑装饰夸张化，符合规制下繁冗使用

汉口万寿宫用瓷作为建筑装饰，建筑特征最为显著，屋顶墙壁大都使用瓷制品，屋顶的瓦为淡描瓷，色彩鲜艳、金碧辉煌。清叶调元《汉口竹枝词》曰："一镇商人各省通，各帮会馆竞豪雄。石梁透白阳明院（绍兴会馆），瓷瓦描青万寿宫（江西会馆）。"作者自注云："阳明书院即绍兴会馆，梁柱均用白石，方大数抱，莹腻如玉，诚巨制也。江西万寿宫，瓦用淡描瓷器，雅洁无尘，一新耳目。汉口会馆如林，之二者，如登泰山绝顶，'一览众山小'矣。"

江西地域在全国最具有名气的无外乎作为瓷都的景德镇瓷器，故此江西地方文化标志之一即为明清开始的青花瓷器，瓷瓦瓷砖也是江西会馆建筑中的常用材料。如南京江西会馆，大门前花楼"以瓷砌成，尤为壮观"。瓦用瓷瓦，在建筑上类通于琉璃瓦，在宫庙建筑上是可以使用琉璃瓦的，万寿宫属于宫庙级别，使用在清并不逾越。颜色淡雅，上有水墨笔法的青花绘画，为青花瓷器传统工艺做法。但在建筑的墙体和屋顶部分皆有瓷制品，在同一个时代，显得较为夸张，惹他乡人士嫉妒争议。但此夸张的建筑手法却是突出江西地域特点的最有效建筑手段。

庙馆是因为江西工商人口聚集形成街区后而建；建筑平面对于南昌万寿宫的直接移植，到地区代表建筑样式的缩微化处理，再到建筑独特材料装饰手法的放大夸张使用，无不体现了江西工商会馆在他乡努力凸显地域特征的建筑文化倾向，以及工商群体的强烈价值文化取向，即民间乡土性的、高调夸张直白的建筑装饰手法。此工商会馆虽然主体仍称为万寿宫，但是和其范本的南昌铁柱万寿宫在性质上已经发生根本性的转变，从神圣到世俗。

汉口江西会馆由于建设时间较早，规模较大，成为江西工商人士在西南行商经营的重要工商类型的建筑范本。其建筑形制以万寿宫布局为底本，同时复合更多工商会馆的建筑功能，建筑样式上的缩微、局部、符号化，建筑装饰上的夸张手法，在西南地区的工商类会馆建设中成为常用方式。但是由于西南其他各省相对于邻省的湖南、湖北，路途更为遥远，人群的成分发生较大的改变，汉口主要商业人群为南昌府、饶州府人士，而对于更遥远的西南地区，则为江西省全省人士。一方面，省级的祭祀对象成为更为强烈的共识；另一方面，各府级的地域建筑样式也更多地在江西会馆中体现，江西会馆的建筑地方符号的杂糅性特征更为升级，如下一章所举的云南江西会馆。

5.5 本章小结

工商型会馆的形成是在士绅会馆接待对象壁垒性和工商发展的必然条件下而产生的。工商型会馆分布于全国各个地区，首先出现在北京和东部传统发达地区，随后形成全国性的建设，在通商口岸城镇的兴建亦繁密。工商型会馆在各个城镇的具体选址有大小城镇的区别，在大型城镇，早期主要集中在城镇的水运门户之处，随着商业的发展，向商业中心区转移。在小型城镇，则主要集中在商业中心地区。

工商型会馆的建设，是以士绅型会馆为基本参照模本，随后结合自身情况，发展成为独立的会馆建筑类型，并且反向影响士绅型会馆的建筑形制发展。在建筑功能上，相对于士绅型会馆对于馆宿的刚性需求，工商型会馆的馆宿部分相对缩小，对应馆宿区的缩小，仓储功能保存，并更加强调。而对于祭祀区域，大体仍保留传统的寝堂规模，但是出现了新的祭祀对象，包括地方神祇、行业神和财神，祭祀场所成为重点建设和装饰部位。随着商业的发展，议事部分逐渐从厅事中区分开来，且日常的事务性办公逐渐增加，出现了独立的办公区域甚至办公楼屋。而娱乐区的戏台部分是工商会馆的浓墨重彩之处，成为工商会馆的新的建筑标志物。殡葬区是工商会馆仍最为重视之区域，面积不断扩大。

对比工商会馆和士绅会馆，可知，士绅会馆是精英式的，工商会馆为民间式的，此为会馆建筑类型的两大基本模式。

江西工商和江西工商人口的贸易和生产经营活动密切相关，江右商帮主要由南昌、抚州、吉安、临江、饶州几府商人构成；江西手工业人口主要为江西的采矿工人。江西工商会馆建造，祭祀对象为原乡地方神祇、财神和行业神，对于江西原乡祠庙原型使用最为明显；江西工商会馆中的装饰的地方建筑语言的广告性和传播性特征明显。

江西工商会馆建筑类型，根据江西工商人口发展和地区建造的不同，以几个工商重镇为代表可以分为两类：第一类为适应他乡地区建筑改扩建的会馆，如北京"合院型"的吉安惜字会馆和扬州"宅园型"的江西会馆；第二类为以原乡祠庙为神庙原型所建造的会馆。北京江西吉安惜字会馆在北京以民居改建而成，会馆的民居原型性较强，属于小规模的工商型会馆，和江西在京数量居多的士绅会馆形成强烈对比。扬州的江西工商会馆为巨富大贾式，适应当地奢侈风格，买宅园为会馆，会馆中扬州园林地区特征较强。天津的江西会馆为江西手工业船帮的典型代表，较早出现了原乡神祇的祭祀，并且带动了街区发展。汉口江西会馆也是以原乡祠庙为原型而建的会馆，具有工商业会馆建筑中地域性、民间性、神灵性、商业性的特征。

第6章

明清江西会馆他乡类型 III——移民型会馆

　　本章主要论述明清江西会馆中移民型会馆的历史形成原因，讨论该类型会馆的具体建筑功能特征和形制布局方式，对比移民型会馆和移民神庙的区别，并结合具体实例，对祠庙原乡原型到他乡移民类型会馆的转变予以论述分析。

引　论

明清移民型会馆是明清移民在移入地区（他乡）所建立的会馆。移民相对于其他流动人口，最大的不同在于从原乡迁徙到他乡，并在他乡定居，返回原乡的可能性大为降低。移民包含原乡流出人口中士农工商所有人群，其中农工商人群为主要人群。明清移民型会馆的建设，早期主导人群为官宦和农业移民，随后转为工商人群。移民型会馆和移民祠庙存在着必然联系，若是工商人群主导修建的移民型会馆是否以前章所述的工商型会馆为蓝本，相同和不同之处在哪里？

移民一般不再返乡定居，保留原乡的历史文化记忆最为迫切，此种迫切如何在他乡修建的会馆建筑中予以显现，什么是最深层次的原型意象？最终在他乡建成的移民型会馆自身的建筑特点是什么？江西他乡移民型会馆如何体现江西原乡地域建筑文化，如何借鉴原乡祠庙原型？

下文将对以上问题进行论述和解析。

6.1　移民类型会馆的形成和发展

6.1.1　人口迁移和移民建筑建造

明清时期出现大规模的移民活动，移民移入地区变成移民聚集区，简称移民地区。明清时期主要的移民地区为中国西部农业待开发和资源型城镇，以及在农业生产或资源型城镇发展基础上形成的工商城镇。这些移民对于西部开发，城市的兴起，文化的传入起到了重要的作用。前几代移民在迁入地安顿之后，开始建立住宅、祠堂、会馆等和移民生产生活密切相关的移民建筑。几代移民本土化后，移民建筑不再兴建。

6.1.2　从移民祠庙到移民会馆

明清时期大规模人口向西南的迁移为官方主导。官方政策主导下的农业人口迁移，在迁入地官方会配给相应的土地和农业设施。大部分迁移农业人口进入他乡村落从事农业生产，以此为生，繁衍子嗣形成宗族，宗族兴旺之后，在村落中修建祠堂。另一部分农业移民人口进入城镇，以工商业为谋生手段，其早期并无太多实力建造真正意义上的会馆。为缓解思乡之情，抵抗异乡生存压力，移民生活稳定、稍有积累之后，首先建立的移民建筑是移民神庙。移民神庙祭祀原乡地方神祇，建筑形式大量照搬原乡祠庙原型，如会泽江西会馆最早建立于康熙五十年，直接建造原乡许逊庙，"真君殿，在城北门内，祀晋旌阳令许逊""吾乡前辈，具呈文武各宪，请建斯庙" ❶，而在后期多次修葺，才变成后来的江西会馆。

可见，移民型会馆来源于移民祠庙，和其他类型会馆建筑的源起相一致。早期移民祠庙由农业移民建造，部分农业移民通过本身行业的改变，成为手工业和商业人员，其修建的会馆包含工商行业性特征。同时由于中国"官本位"文化之影响，会馆修建往往需要一个具有官员身份、社会声望高的人士作为发起者或主要负责人，故此移民会馆中凝聚了士农工商四民，成为综合性会馆。

故此，会馆建筑基本类型为士绅型会馆和工商型会馆。在移民城市，士农工商四民合流，形成以原乡籍贯为主，地缘性强的综合性会馆，三大会馆建筑类型至此完备。

由于清中后期，早期移民扎根逐渐转化为移入地住民，早期移民会馆所代表的行商与一直冲突的当地土著所代表的坐商牙行关系相互融合，但为了不忘根本，体现族群特征，会馆中的祭祀功能被重新强调，而祭祀部分更体现移民原乡的地域性特征，如原乡的建筑样式和建筑形制，而其他建筑功能部分，如戏台、馆宿、厅事等建筑部分，则一般适应当地地形和气候条件，采用当地的材料和建造方式。

6.1.3　移民祠庙和移民会馆的比较

在学界目前的研究中，对于"移民庙宇"和"移民会馆"的概念没有厘清，大部分学者认同为两者基本等同，也有学者认为两者不相同。从会馆建筑类型演变的过程以及中国建筑本身场所常复合混用的特点来看，移民庙宇是移民会馆发展的来源，部分移民庙宇在各种因素的综合作用下，更祠庙为会馆，建筑世俗公共场所的地位上升，使用的综合性加强，成为移民公议的集会中心（集会所讨论的事务具有极强的移民群体针对性），有移民同乡组织的长期固定办事处，从简单的移民庙宇上升为综合性的具有移民社区中心性质的移民会馆。

移民庙宇的绝对数量一定大于移民会馆，在移民地区，其基本的转用率为 25% 左右，移民会馆和移民庙宇之间的逻辑关系如图 6-1 所示。而考查是否为移民会馆的几大基本原则即为：选址是否在城镇，建筑功能除了祭祀，是否包含了接待、集会、办公等世俗性事务，是否为当地移民世俗性事务的聚集议事中心。其深层次的区别则在于机构的组织上，神庙的管理者为庙祝，而会馆的管理者为具有较强组织和机构性质的同乡会，此场所是否为同乡会机构组织的议事办公处，是移民会馆和移民神庙的区

---

❶　新纂云南通志 [M].

别之所在。其建筑本质就在庙宇为神圣性建筑，而会馆是包含了祭祀的世俗性公共综合建筑。如果用一个并不完全精准的类型类比，移民神庙和移民会馆的区别，即为西方古典希腊建筑中，神庙和巴西利卡之区别。

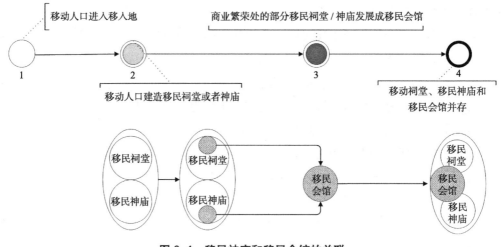

图 6-1　移民神庙和移民会馆的关联

6.2　明清他乡江西移民类型会馆的建筑类型分类

6.2.1　西南地区江西移民的特征及迁移路线

江西移民进入西南地区，移民类别大体可以分为农业移民和工商移民，官员因由中央政府调任，除部分因老留住人士，数量较少，但亦对当地产生较大的影响力。

6.2.1.1　江西农业移民线路

明代，江西农业移民主要为江西传统经济文化较为发达的南昌、吉安、饶州等府人士。农业移民主要停留的目的地，为两湖的洞庭湖平原和江汉平原，经过漫长时间，移入地区本土化为江西—两湖人士，其对于江西的原乡回忆，大致停留在其宗谱的记录中，语言的音调中，生活习俗的遗痕里，而物化为建筑的形式在于其宗祠的建设和民居的一些基本建造手法中。

清代，江西农业移民的人群除和明代一样的人员外，还出现了新的特征，即为大量赣南地区的江西客家人群。江西农业移民的目的地为四川，以及湘鄂黔少数民族山区。

江西农业移民进入四川的线路有两条。第一条重要线路为沿长江溯江而上进入四川，由于川东为两湖人士早已占据地区，江西移民由川东往川西方向迁移，故川西为江西农业移民的主要停留开垦区，而土地条件较好的平原地区已被占据，大量江西移民向山区转移，在山区和平原的交界区，即大量人口停留在"场镇"，场镇兴起。场镇选址往往在适宜农业生产、交通便捷、水运开阔之处。农业移民定居，宗族壮大、实力强劲后，开始修建宫庙/江西会馆，如重庆酉阳县龙潭镇，"集市贸易，起自清初，为江西人所开辟"。另一条线路为分别从赣东北沿长江进入湖北，从赣中吉安萍乡进入湖南，分别从湖南、湖北向西移动，此部分农业人群受湘鄂桂边界的高山大江地理地形阻挡后停留下来，进入传统的少数民族聚集区，从事农业开垦，部分人员越过高山大江的险峻阻挡，进入四川。

故此，清代江西农业移民的最终主要停留地为四川的川东和川西，以及湘鄂桂的少数民族聚集山区。农业移民进入移民地区后，有部分人群在当地直接进入城镇转为工商人口。农业移民进入当地之后，一般就停留下来定居，融入当地社会，若要返乡，往往会因极其重大事件，如江西客家人士有忠孝之理念，其对祖先的孝顺体现在丧葬之中，会长途跋涉返乡将祖先尸骨取出，然后带回移入地区进行二次埋葬，以表达永远和祖先在一起之客家忠孝之理念，被族群认为至纯至孝之行。

6.2.1.2　江西工商移民线路

相对于农业移民对于土地的执著，江西工商移民行进的线路更为丰富多样，不惧艰难险阻，具备"负贩天下"之特征。其主要行商生活路线除和农业移民一样进入两湖和四川，再由四川进入云南外，另一条重要行商经营路线为进湖南/广东，进入广西/贵州，再经广西/贵州进入云南。其停留地为流动路线上的所有重要工商城镇。

在明清中长线交通非常困难时期，工商移民相对于农业移民，出外之后，返乡的概率更高，和原乡的联结性更强，能较为同步地认识到原乡地区发生的重大事件和感知原乡的社会变迁，并将风尚带回外出之地。这部分人群，成为在原乡和他乡文化持续双向传播的主要人群载体，是江西地域文化传播的最为主动的参与者，如有文献记载云：江西商人在湖南衡阳经商，店员工作一定时间后，会有半年的返乡假期，和亲人团聚，假期结束后，再次前往经商之地。

6.2.2　江西移民会馆建筑类型分类

江西在西南地区移民的综合性会馆，广义来说，在两湖、四川、广西、贵州、云南，皆有建造。但若细分人群特征和移入的省域特点会有所不同。但江西移民会馆的类型基本是以原乡祠庙原型转化而来的，区别只在修建主导人群不同，各部分建筑特征会有所侧重。

6.2.2.1 类型 B-III1: 祠庙原型之派驻官员主导型

明代规定中央官员派驻有籍贯回避制度，故各省官员都来自于他省。西南地区，我国边陲，少数民居聚集，文化相对落后于传统经济文化发达地区。各籍贯官员到任后，出于教化、乡愁、集结本乡人士管理当地社会、对于北京士绅会馆的模仿等多种内在动机，往往成为早期移民综合性会馆的倡导者，是早期建设的主要捐资方，同时会利用其社会影响力，呼吁同乡人士积极参与建造。江西人士中科举之风盛行，中举后，派往西南地区任职的官员极多。

1. 选址特点

由官宦倡导建立的移民会馆，往往选址于当地政治中心区，为府衙附近或当地著名国家忠烈祠庙、州学县学周边，如柳州最早于乾隆年间建立的庐陵江西会馆，位于柳州衙门府学旁，江西会馆位于柳侯祠附近。此类会馆往往也具有北京士绅会馆的典型特征，其祭祀对象为儒家先贤，靠近当地核心庙宇，体现为祠庙，如云南曲靖吉安会馆、名二忠祠，祭祀对象即和北京吉安会馆相同。由于教化作用是此类会馆的最重要功能，故此在后期很容易转换成书院和学堂。

2. 建筑形制选择特点

此类官宦主导型会馆，一方面是帝都文化价值影响和生活方式在地方的建筑延续和传播；另一方面也适应地方，发生调整。一般不会有馆宿部分，祭祀、教育、集会、娱乐是其主导内在功能，但官宦人群数量毕竟稀少，其面向对象为所有同籍贯人士，主要的公益性质为教育。同时官宦为彰显明清时期家族荣誉，光耀门楣，往往在宗祠中体现，故此官宦人群亦会在此类会馆建设中体现原乡宗祠原型的建筑形制特征，到后期会出现祭祖和祭祀地方儒家忠烈的诉求。

原乡的三种祠庙原型皆会参照，主要参照名人祠堂形式。

6.2.2.2 类型 B-III2: 祠庙原型之农业移民主导型

1. 建造过程和选址特点

明中晚期，移民进入两湖地区，为大量的农业垦殖移民，此部分人群在获得土地之后，进入农村社会，成为当地的土著农民，其兴建的公共性建筑主要为村落祠堂和移民庙宇，经过明清换代，建筑损毁较多。而在清中后期，社会重新振兴，但湖南、湖北农业开垦已经稳定，移民土著化，其原乡的影响力已经渐行渐远，移民兴盛家族直接建设本族祠堂，实力较弱家族，则多家姓氏联合建造原乡共神庙宇，村落所建立移民神庙，大体类似于村落中同族宗祠，所发挥的功能作用也相似。

清代，农业移民进入四川和广西、云南、贵州四省区。四川省成都平原为农业重要开垦区，大量各省农业移民停留开垦，进入早、势力大的族群往往停留在平原地区，而进入晚、势力小的族群则沿着水系或陆路进入山区。家族稳定兴盛后，仍以建设祠堂和神庙为主,故此祠堂和原乡祭祀神庙广泛地密布于四川全境,一直到场镇级别。
四川、重庆一带,移民祠堂、神庙分布密集,数量巨大,据载近两千所,而当这些祠
堂和神庙正好位于商业经济发展的恰当地点时,在各省人群中大商大贵的主导下附祠
庙为馆,完成转化。广西、云南、贵州三省区,地少山多,少数民居聚集,土客冲突
较为尖锐,移民农业开垦并不容易,故此垦荒移民大量往山区转移,进行山区农业种植。
其农民主导型会馆建设的过程,大致也如四川地区。

2. 建筑形制选择特点

农民主导型的移民会馆,在建筑上体现为规模并不过分宏大,并不在重大中心城市,
往往位于县镇场,农村基层性较强。在建筑上,直接建设移民神庙,神庙成为移民公
共事务解决的场所,因为清代四川政府对于农业移民的管理,移植了传统管理的乡里
方式,对移民根据籍贯,设置"客长",即"客籍确以客长,土著领以乡约",当土客
因为土地开垦纠纷时,"先报乡约客长,上庙评理",官方的客长制度强化了移民族群
的地域性特征。移民神庙成为农民主导型会馆的基本原型,和原乡神庙原型接近同构,
此类型的移民会馆,其主要建筑功能为聚会议事,和神圣性祭祀活动,凝聚同乡人心,
类同于村落宗祠。

6.2.2.3　类型 B-Ⅲ3：祠庙原型之工商移民主导型

1. 建筑选址特点

商人主导型会馆,是现存移民会馆中最突出外显,并且遗存较多的类型。其主要
原因是其选址往往位于当地经济中心,如大江大河干道处、中心城市、县城的商业街;
在建筑样式上也具有商人的炫富和实力特征,建筑规模都较为宏伟,建筑装饰都较为
富丽堂皇,容易被人记住和保留下来。因商人流动性最强,由其主导修建的会馆,不
仅在流动早期建立,而且往往伴随其移民经商活动沿线持续建造,如川盐沿线的各地
盐业会馆。

2. 建筑形制特点

前文已述工商会馆建筑类型的基本特点,在移民会馆中,工商主导型有相同的共
性特征,实力强大的商帮,会捐资建造祠堂或神庙,在周边扩建事务生活性会馆,此
类会馆往往成为当地商业街区的核心公共建筑,刺激和带动周边街道形成同乡人士的
聚集居住区,其规模可达大型居住区级别。工商会馆具有强烈的工商性质,既为行商
人员提供住宿和仓储式服务,在商路繁忙的交通沿线,还会提供旅馆性质的服务。

在云贵川广移民地区,垄断性大宗物资(盐、矿产)商人对于官府的依附性仍较强,
官商彼此深刻连接,而同时,小宗物资商人同样要笼络下层本乡员工、手工业者和平
民同乡,上下两方面的综合体现在会馆的建筑类型上,比较有意思的地方是在戏台建
筑的设置上。商人对于官员的依附,往往在会馆中表现为设置独立花园,设置独立的
小戏台专区予以赏戏。而对于下层店员或者手工业者,则会在神庙的大戏台区,在各

种节日时予以演戏。

3. 工商主导移民会馆类型和工商会馆类型的比较

工商主导的移民会馆和其他地区的工商会馆有相似之处，但亦有不同。

根据移民会馆的形成过程，可知移民会馆由移民祠庙转变而来，故此移民会馆的建筑类型大都在原乡祠庙原型的基础上发展而来。相对于非移民地区的工商建筑类型会馆，移民会馆缺少传统工商会馆建筑类型中直接利用当地民居园林进行改扩建的方式，大都根据原乡祠庙原型进行改建或者按照原型进行新建，强调的是原乡地域建筑文化特性，而对于他乡地区建筑的适应性建造则并不强调。

6.3 明清江西移民型会馆实例分析

明清他乡江西移民型会馆建设皆以江西原乡祠庙原型为基本模板，进行建造。根据移民各府特点分别倾向祠堂原型或者神庙原型。

四川全境江西移民会馆、庙宇、祠堂密布。从省府中心城市成都、重庆到资源经济复兴繁荣的城镇，再到由传统农村而兴起的场镇，皆有江西会馆。其各个层级的实例代表为，中心级别的重庆江西会馆，重要城镇级别的自贡牛佛江西会馆，以及场镇级别的成都洛带镇江西会馆。重庆市区的江西会馆为典型大型工商型会馆，位于重庆长江沿岸，从其选址、建筑布局和建筑样式考查，和其他地域重要商业城镇的省级工商型江西会馆基本类同，为大型附宫庙式会馆（以南昌万寿宫为原型）。而比较有意思的是城镇和场镇级别的洛带江西会馆和自贡牛佛江西会馆，虽然名称都一样，为江西会馆／万寿宫，但却是挂着万寿宫的名，其建筑形制平面却为"祠堂"形制，在建筑规模和样式上以中大型江西赣南—吉安客家祠堂为蓝本（赣州府地区万寿宫在当地的建造，以祠堂为基本样本进行改建，以中大型祠堂代宫庙），此和在四川江西人士中，赣州府客家人士异军突起，尤其在四川山地地区尤为突出有关。此为农业移民主导类型会馆的典型特征，乡村价值理念在城镇化过程中的顽固体现。

6.3.1 自贡牛佛江西会馆（B1-III2 型）

该会馆以江西原乡小型祠堂为原型模仿建造。

四川自贡市富顺县牛佛镇位于沱江水陆枢纽，传统甘蔗种植区，盛产蔗糖，明中，附近自流井开始产盐，乾隆年间在此设立盐关，此地区从传统的农业种植区一举上升为糖道和盐道汇合的交通重镇，为川南最重要的农村集镇。

牛佛江西会馆／万寿宫建于清康熙前期，位于牛佛镇张家坝，由江西籍贯移民集资建造，此部分江西籍人士为农业移民，经历几代，已经半土著化后进行经商，根底在农。其建筑面积约 615m²，辛亥革命时，被人为烧毁，民国初年，在原址上缩小修复，建筑占地面积近 400m²，缩小为小型祠堂的建筑样式，其现存平面如图 6-2 所示。

从其平面形式来看，主厅三开间，两侧有耳房，南北轴线为门—前堂—天井/东西厢房—后堂。前堂和后堂之间用工字形廊连接，前堂即主厅两侧用五跌清水封火山墙予以分隔，封火墙为曲线波浪式，在当地尤为特别。追根溯源，此祠堂建筑以赣州府赣县夏村（千年客家第一村）的谢氏宗祠的敦五堂建筑为主样本，如图 6-3 所示，大门的山墙为直线，寓意五行为土，前堂大厅山墙为曲线，寓意五行为水，合为"水土"之意，反映了江西客家人对于风水中农业性质的强烈关注。

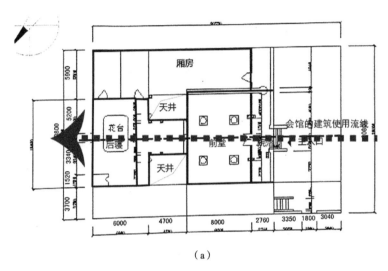

（a）

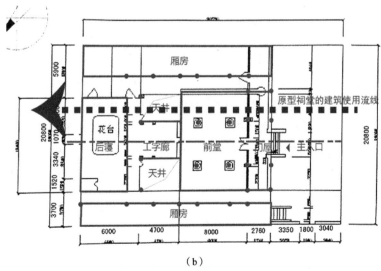

（b）

图 6-2　牛佛江西会馆平面分析图

（a）现有会馆/万寿宫建筑平面；（b）原祠堂建筑平面

（资料来源：底图来自牛佛文物局）

图 6-3　牛佛万寿宫
（资料来源：牛佛文物局）

6.3.2　云南会泽江西会馆（B2-III3 型）

康熙时期，朝廷令江苏、安徽、江西、陕西、浙江、福建、湖北、广东八省，每省办铜五十万斤进京，在老铜矿区资源已经趋近衰竭时期，铜原料的采办成为八省最为难办之事。雍正年间，云南东川府年产铜量达到四百万斤，八省办铜人士蜂拥而至，东川府会泽应铜而兴成为繁荣城镇，所产"京铜"沿曲靖—宣武—威宁—昭通—毕节到达四川泸州，再沿长江—京杭大运河—北京，途经万里。长江—京杭大运河为江西人所熟悉的交通干道，熟悉大宗物资的采办交通运营方式的江西人溯江而上，沿京铜运线进入该地区，来此地区的江西移民大都从事工商行业，除办铜采矿，在会泽亦控制了当地的药材和山货业，成为当地重要的工商力量。故此，其建立的会馆，为典型的工商主导类型移民会馆。

明清时代作为云南东川府府治所在的会泽县，江西地域会馆有一省三府一县五所，分别是省馆江西会馆，府馆南昌会馆/豫章会馆、吉安会馆、临江会馆，和县馆清江会馆。

会馆成为事关工商移民生死的重要场所。生，会馆为庙会和社交聚会的场所。江西会馆举行真君会，临江会馆举行药王会；江西会馆社交聚会一年之内达到三百余次，成为江西移民的公共活动中心。死，设有享堂和义地，由府级会馆所设置，豫章会馆在会泽县城旁的大箐灵璧村，称"瑞州享堂"，吉安会馆在县城东郊，临江会馆在府城东南隅，这些义园地区大都靠近山区铜厂，可见大量江西籍之采矿工人来此谋生，而后的生生死死都与此相关。

实例 1：江西省级会馆

1.建筑历史沿革

会泽江西会馆，位于会泽县江西街中段北侧，现三道巷 49 号。始建于清康熙五十五年（1711 年）；雍正八年（1730 年）毁于兵燹；乾隆二十年（1755 年）南昌、临江、瑞州、吉安、赣州五府公议筹资重修。1940 年，云南省清查庙产，江西同乡会把万寿宫改名为"江西旅会泽同乡会馆"，使之成为正式省级江西会馆，中华人民共和国成立后成为县城的招待所，后又作为县党校、县工会、县体委的办公处，1980 年代后成为文保单位，修复。

2. 建筑布局

会馆原型为南昌铁柱万寿宫 B2 原型，同时反映了江西工商人士对于京师的强烈向往，戏台基本样式仿照颐和园内德和园大戏台样式。会泽江西会馆由东、中、西三大部分组成，总占地 9800m² 中部大殿和东部会馆建筑占地约 7500 平 m²，建筑面积约 2600m²。主体为中列庙宇，轴线为照壁—柏树园—入口大门 / 戏台—大型院落—真君殿—真君殿背侧韦陀亭—小型院落 / 东西厢房—观音殿；东部轴线为两层办公会议室—大型院落—财神殿—小型院落—小戏台；东部为门屋—大型院落 / 东部碑廊—江西会馆，如图 6-4 所示。东部轴列为江西省级会馆，西部轴线后部小院落为南昌府的豫章会馆。三列轴线第一进之间，没有用墙体分隔，形成一个横向巨型的开敞院落，面对入口戏台，可容纳观众 1000 人。如图 6-5 所示。

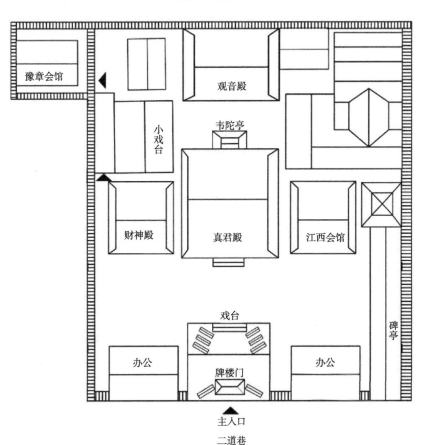

图 6-4 云南会泽江西会馆建筑布局图

图 6-5　云南会泽江西会馆实景

（资料来源：左下鸟瞰图来自百度）

3.建筑地域性特征

柏树园位于照壁和大门之间，柏树的栽植，为宫庙之制。柏树现在已经移除，改为广场。

大门和戏台合并成门屋。大门为八字形，牌楼样式，二重檐。前部戏台为五重檐。前后檐口共 42 只檐角，戏台下方 42 根落地柱，暗含许真君"四十二口拔宅升天"之意。大门牌坊样式和吉安地区宗祠的牌楼样式一致，而在大门两侧使用蓝色斜 45° 铺置瓷砖，又为景德镇地域特征。枋梁上大量使用木雕。

戏台五开间，面阔 16m，进深 6.5m，在会馆戏台建筑中较为少见，为仿照北京颐和园德和园大戏台而建。底层为大门通道，净高 2m，台面至屋顶高 13m，戏台屋顶使用了六层藻井，藻井内部的漆面故意刷成凹凸状，以利于演戏时的聚声和混响效果。屋顶为四层缩进至歇山顶样式，下雨的时候，雨水不会落于台面之上。建筑装饰为蓝绿白彩画木雕，其中福禄寿三星木雕最为生动出名。"江西庙的台子"成为当地会馆建筑中最出名的招牌。

大殿三开间，周匝式副阶，面阔 13.6m，进深 6m，高 10m。内部祭祀主神为许真君，并祀晏、肖二公。建筑装饰繁复，梁枋为蓝白绿彩画和木雕，内部绘画主题为许真君事迹。

后部坐北朝南的主殿为观音殿，五开间。面对观音殿有韦陀亭，背靠许真君大殿后墙，后墙上有万寿宫碑刻，碑文为许真君神迹、修建该庙宇的过程、会馆管理的事物警戒。观音殿和韦陀亭之间的院落里设置了一口八角形井，仿照南昌铁柱宫许真君震蛟龙之八角井遗迹。观音殿内原建有玉皇阁，后拆除（现有文献记载皆为观音殿，但根据南昌铁柱、西山万寿宫庙宇形制，形象为女性的祭祀对象为其师父著名女道士谌母，而且观音为佛教菩萨，其大殿内建道教玉皇阁，无论从宗教体系，还是从道教神谱体系来说，皆有冲突。故此推测，这是文化传播遥远之后，必然发生的混淆和混用现象）。

建筑牌匾和建筑楹联，皆暗含江西地域文化含义，如东列轴线上江西会馆的牌匾为"江西柱砥"，戏台的楹联为"一部笙歌，留住西江春色""倚翠屏，不啻西山景象……最难忘岛屿花洲"，西江、西山、花洲皆为南昌地区知名景观。

实例 2：江西府级会馆

1. 豫章会馆

豫章会馆初建于乾隆四十三年（1778 年），再建于光绪十年（1884 年），由南昌府和瑞州府合建，位于二道巷北侧，与上文所述江西会馆相邻。由过道—东花厅—西天井—室内剧场组成。豫章会馆最具有特色之处为两处：一为室内封闭剧场；一为楼座上"南州冠冕"之匾额。

室内剧场又称江西会馆小戏台，主要用于接待达官贵人，后来成为县城的文化活动中心，内可容纳 500 余人，布局和现代剧场基本类同。戏台部分三间，台面高起1m，和传统戏台相比，更为现代，戏台上方为传统的藻井式屋顶。观众席部分有池座和楼座，上下两层，楼座的上下楼梯在入口的东西端（图 6-6）。

"南州冠冕"牌匾，为江西移民从江西拓严嵩所书匾额而来，但"文革"时被锯成人民公社的大饭桌。

图 6-6　云南会泽豫章会馆内小戏台

（资料来源：珠江网）

2. 吉安会馆

吉安会馆建于乾隆初年,又名二忠祠 / 秦赣会馆(以显示其文化早远),由江西籍商民捐资筹建。位于县城内街南侧,与县城武庙隔街相对。建筑占地 800m²,其楹联"忠臣不二二忠臣,国士无双双国士",和北京吉安二忠祠一模一样,京师虽远,影响力却并不因为地处边陲而减。体现了从地方先贤祠到会馆的变迁。

3. 临江会馆

临江会馆始建于乾隆四十七年(1782 年),又名药王庙,祭祀对象为行业祖师爷孙思邈。建筑占地 4000 余平方米,规模宏大。依次建有山门 / 戏台—对厅—大殿—后殿,目前仅存大殿。戏台为神庙剧场形制。

实例 3:江西县级会馆

清江会馆为江西省临江府清江县移民所建,又称为萧公庙 / 仁寿宫。临江府地区人士有比较强烈的萧公神信仰,亦为水神信仰,其主要特征为"保漕运",其祭祀对象为萧公,明永乐年间获得国家封号,清代进入国家典祀。

会泽县城的五所江西地域会馆,充分显示了工商会馆的完备体系,省级会馆面向全省人士,故此以祭祀和大戏台的公众性娱乐为主,其建筑场馆和建筑样式上更具有公共性、纪念性和门面性之要求;在组织机构的设置上,形成省级同乡会组织和官府直接打交道。而府级会馆是具体行政事务的中层机构,直接为原乡籍贯的乡民和行业服务,其体现也具有府级特点,地域性特征最为多样,如豫章会馆和省级会馆最为贴附,直接为省级会馆提供官宦小圈子的室内戏台服务,和原省地区,南昌为江西省府,在区域关系上遥相呼应,而吉安府对于科举儒家文化的执着,临江府对于身为药都的骄傲,都在其会馆的祠庙布局和祭祀对象中有所体现。各府级会馆直接负责乡民殡葬、义举等事宜,反映了会馆的地方事务公共服务性,即"义举"之特征。而县级会馆临江府的清江会馆,盖因樟树药都实力强劲而建。

6.3.3 四川洛带江西会馆(B3-III2 型)

四川洛带为西部客家第一镇,其百分之八十的移民人口为客家,第一代主要为农业移民,故此洛带江西会馆最能体现南昌万寿宫—江西吉安—赣南客家文化的祠庙形制的样本,建筑平面为江西大式祠堂的基本布局,为门堂寝制度。建筑五开间,南北轴线序列为万年台—空间广场—万寿宫石雕的照壁 / 大门—庭院(当地称为院坝)—参亭(一直被作用为戏台)—前殿—天井—寝堂,前堂后寝之间以工字廊连接,形成品字形天井院落,轴线外加东西厢房。此标准平面布局参照吉安大式祠堂王氏祠堂。江西地区祠堂,作风保守,神圣性区域和世俗性区域区分明显,一般戏台建于宗祠之外,形成万年台。

但在具体建筑使用之中,人群根据具体的乡镇环境,进行了调整。将主入口从后寝入，调转为门屋，正厅仍作为江西会馆公共议事之处，参亭成为小戏台演剧之处，而门屋和两厢封闭，对小部分人群开放。主要的演戏区在祠堂外的万年台，但万年台并不属于江西会馆所有，为整个洛带镇所有（图 6-7 ~ 图 6-9）。

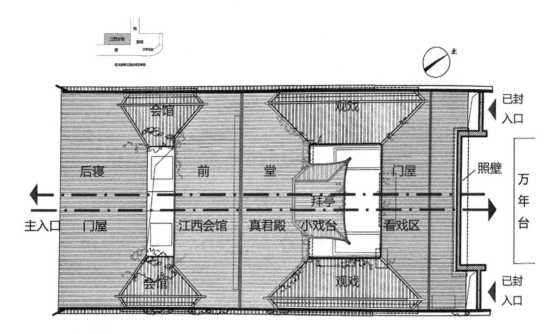

■ 传统祠堂模式布局
■ 使用时的功能布局

图 6-7　四川洛带江西会馆使用分析

（资料来源：底图来自张利频，曾列 . 洛带会馆客地原乡 [M]. 成都：四川美术出版社，2013）

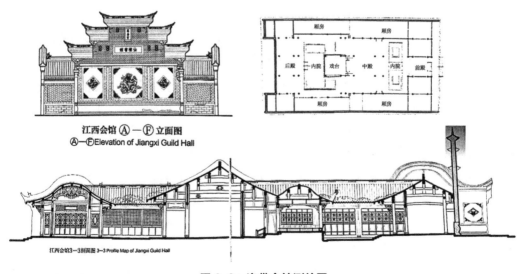

图 6-8　洛带会馆测绘图

（资料来源：底图来自张利频，曾列 . 洛带会馆客地原乡 [M]. 成都：四川美术出版社，2013）

图6-9　四川洛带江西会馆实景
（资料来源：新浪微博）

6.4　本章小结

明清时期大规模的向西部和边疆地区的移民活动，形成了西部移民地区。移民在迁入地安顿好之后，便开始建立住宅、祠堂、会馆等和自身生产生活密切相关的建筑。移民大规模建立的是具有原乡原型的祠堂和神庙。在多因素的综合作用下，移民祠庙转为移民会馆。

明清移民型会馆根据"士农工商"人群特征，可分为派驻官员主导型、农业移民主导型和工商移民主导型三个建筑类型。派驻官员主导型的移民会馆，选址位于当地政治中心区附近，以原乡宗祠为基本原型建造。农业移民主导型的移民会馆，选址位于各开发场镇，分布密集，以原乡宗祠为基本原型建造。工商移民主导型的移民会馆，选址位于城镇的经济中心，以原乡祠堂和宫庙为基本原型建造扩大，中小型的以祠堂为主，大型的以宫庙为主；相对于非移民地区的工商建筑类型会馆，移民会馆缺少传统工商会馆建筑类型中直接利用当地民居、园林进行改扩建的方式，大都根据原乡祠庙原型进行改建或者按照原型进行新建，强调的是原乡地域建筑文化特性，而对于他乡地区建筑的同化适应建造则并不强调。

江西移民进入西南地区，移民类别大体可以分为农业移民和工商移民。江西农业移民明代主要为江西传统经济文化较为发达的南昌、吉安、饶州等府人士；清代出现大量赣南地区的江西客家人群，江西农业移民的目的地为四川，以及湘鄂黔少数民族山区。相对于农业移民对于土地的执着，江西工商移民行进的线路更为丰富多样，不惧艰难险阻，具备"负贩天下"之特征。其主要行商生活路线除和农业移民一样进入两湖和四川，再由四川进入云南；另一条重要行商经营路线为进湖南／

广东，入广西 / 贵州，再经广西 / 贵州进入云南。其停留地为流动路线上的所有重要工商城镇。

　　明清江西移民会馆以江西原乡祠庙原型为基本模板进行建造。根据移民各府的特点分别倾向于祠堂原型或者神庙原型。江西祠堂原型实例为四川洛带江西会馆和四川自贡牛佛江西会馆；江西宫庙原型实例为云南会泽江西会馆。

第7章

明清江西会馆建筑类型的现当代启示

　　本章分析了明清会馆建筑消亡的历史原因，并指出它在消亡过程中再利用的各种尝试；分析论述了江西会馆建筑在当代城镇化背景下，针对流动人口集聚场所的设计，如何借鉴有益历史经验，如何创新发展再利用。

引　论

　　会馆建筑作为一种历史建筑类型，在现当代已经消亡，这种在历史长河之中存在了四五百年时间的建筑类型，其消亡的过程是怎样的？在这个过程之中，发生了哪些变化？

　　研究明清会馆建筑类型对于现当代相关建筑类型设计有什么指导和理论启示？研究明清江西会馆建筑，是否能够对江西地域文化进一步深入研究提供新的思路？

　　针对以上问题，下文将予以论述和解析。

7.1　明清江西会馆建筑类型的转用

7.1.1　会馆建筑类型的转用

　　会馆建筑形成于明代中期，完善于清中期，兴盛于清中晚期，衰弱于民国初期，基本消失于中华人民共和国成立后，其衰亡是整个社会大历史发展的结果。

7.1.1.1　导致衰亡的重大历史背景

　　会馆建筑的衰亡，受以下重大政治、经济、文化背景和历史事件影响。

　　1.交通方式改变

　　鸦片战争后，西方现代交通方式引入中国，使用汽车、轮船运送人员、货物，交通速度大幅度提高，极大地缩短了交通时间，人流在两地来回的频率加快，停驻时间减少，沿途停驻节点数量减少，原停驻节点人流量大幅度下降，因应流动人口需求的会馆逐渐荒废。

　　2.通商口岸开放

　　1842年，《南京条约》签订后，中国通商口岸开放，随着西方现代商业体系的强势侵入，中国传统商帮活动受到重创，一些商帮势力越来越衰亡，对于会馆的管理趋于荒废。有些适应时代发展的商帮在新形势下仿效西方行业形式建立行会，反而促进了会馆的建设。民国成立后，全国各省建立工商联合会，传统工商型会馆向现代商业公所的办公建筑转化，传统商帮类会馆衰亡。

　　同时，通商口岸开放后，传统商业贸易路线和行业构成已经发生了根本性的改变，原贸易路线上所建立的会馆建筑伴随贸易的改变而废弃。

3. 清末废除科举

1905 年，清廷下诏废除科举，基于科举考试的士绅会馆失去存在基础。

4. 民国新文化运动

1915 年，新文化运动开始。新文化运动反对神灵崇拜，民国政府下达政令对全国庙产进行清查，清查后无主庙产归公。大量以祠庙为馆的工商和移民会馆归类于庙产被充公，充公之后转为政府其他用途，会馆建设的民间动力源泉干涸。同时，会馆之中最为核心的神灵祭祀功能被剔除，大量来源于祠庙原型的会馆失去存在基础。

5. 大规模移民活动逐渐停止

移民在移入地生活几代之后，完成在移入地的全面本土化，日常生活面临事务也本土化，原乡情结逐渐减淡，体现原乡观念、处理移民事务的会馆建筑场所吸引力下降，机构功能弱化、消失。

7.1.1.2 会馆建筑的转用

会馆建筑新建活动停止，大部分原建会馆，逐渐被转为他用。

1. 公共建筑性质延续，公共空间再利用

会馆在几百年的建筑历史发展之中，已经成为城镇区域的核心公共性建筑，其原乡同籍的地域性特征和公共性特征仍被保留。此种再利用方式对于原有的会馆建筑实体能较好地进行保护。

会馆建筑能再利用为其他公共建筑的主要原因在于：第一，选址的区位性好，位于城镇水运交通门户处或是商业区域中心；第二，主体建筑空间宽阔，内部有利于大量人员聚集活动，外在建筑形象突出，往往为当地地标性建筑。

会馆采用中国传统的院落式布局，后期转用为其他建筑空间，具有良好的适应性和空间的通用性。

1）转为文教类公共建筑

转为学校：会馆建筑中本身的起源类型具有书院建筑的教育功能，故大量会馆建筑在民国之后被转为幼儿园、小学、中学使用。

转为博物馆：大量会馆建筑整体或者部分空间成为博物馆的展示空间。

2）转为商业娱乐建筑

转为商业店铺：工商类型或规模较大的会馆建筑为维持日常运作，往往沿街设置商业店铺作为会馆经济收入的重要来源。后期再利用，较容易将沿街店铺，甚至包括整个会馆建筑直接作为商业店铺使用。随着城市的快速建设更新，商业店铺部分拆迁较快，会馆此部分功能转用时间较为短暂。

转为剧院：20 世纪 50 年代以前，大众传媒的主要方式为戏曲演艺，故此会馆建筑中的戏台往往成为当地文化活动中心。戏台若在室外，则举办民俗会演，有些戏台前观演广场较大，直到现在仍作为当地的戏曲文化中心而重点使用。戏台若在室内，往往已经进化为室内剧场形式，则成为当地的剧场建筑或者礼堂。

3）转为办公类建筑

中大型会馆建筑往往会被选为当地政府的办公场所。成为公产后，又因选址优越，建筑形象佳，空间阔大，后花园环境良好，往往成为县镇级政府办公场所。云南会泽江西会馆作为当地的重要会馆建筑，中华人民共和国成立之后曾长时间地作为当地县政府相关部门的办公场所。

在一些工商业较为发达，会馆已经完成了向公所彻底转变的地区，会馆事实在民国后晚期已经转为真正的商业办公类建筑。

4）转为生产类建筑

会馆转为生产类建筑也较为常见，一般是轻工业或者手工业生产工厂。由于早期工商会馆靠近河运码头，交通运输方便，其本身往往会设置大量的仓储空间，如仓库和堆场，利于原材料和产品进出，从事生产活动。如北京江西会馆，在中华人民共和国成立之后，由于正厅阔大，曾长时间作为服装厂的加工车间。

5）重新回归为祠庙

会馆的核心功能即为祭祀，会馆中的庙宇部分往往保存最为良好，故此大部分留存下来的会馆建筑重新回归祠庙类建筑。如许多地区江西会馆作为文物建筑保护修复后，重新作为当地的万寿宫建筑、观庙建筑使用。

2.居住性质延续，转为居住类型建筑

会馆建筑早期大量由捐/买宅而来，当会馆管理组织无力或者解体之后，大量被重新占用为民宅，尤其在人口密度高的重大城市；而若被政府收归为公产之后，也会作为招待所建筑予以使用。

7.1.2 江西会馆建筑类型的转用

上述会馆建筑的转用方式，在江西会馆建筑中皆有。但在江西会馆建筑转用中仍有其自身强大的偏好和特点，如下：

（1）江西会馆建筑大量地被转用为中小学校，这和江西地区人士对于读书教育重视的强烈价值取向有关，此种族群原乡记忆在移民之中被继承。江西会馆转为学校之后，往往称为江西小/中学、豫章小/中学等，或者社区名称，服务于周边社区。

（2）江西会馆建筑重新回归为祠庙建筑较多，由于宫庙具有神圣性，故此在族群之中的影响力最为久远，标志性最强，大量江西会馆建筑因万寿宫、萧公庙、仁寿宫等名而保存下来，此种转用作为传统文物建筑，修复保护再利用最多。

（3）江西地方戏曲具有较强特点，江西会馆中戏曲活动演出频繁，戏台建筑样式有强烈的地方特色，在明清、民国时代皆较为出名，但是江西会馆后来直接转为室内剧场建筑的数量较少。究其原因在于江西会馆中的戏台大部分为露天形式，有罩棚式的室内剧场形式较少，故此不具备全天候演剧的便捷性，相对于其他地区会馆建筑中的戏台，此点较为薄弱。但在当代民俗活动旅游业带动的情况下，江西会馆中的室外戏台由于前部广场开阔，利于台上台下同时举行活动，民俗性强、互动性好，在当地旅游开发的过程中又开始重新被认识和利用起来。

7.2 明清江西会馆建筑类型的消亡

7.2.1 会馆建筑类型的消亡

会馆建筑的消亡包括从内涵的解体到实体的消亡两个阶段。

7.2.1.1 内涵解体

会馆建筑本质为同乡流动人群的公共活动中心，其解体的根源在于流动人群流动活动规律和方式的改变，如流动人口整体流动数量变少、变缓，流动人群融入当地社会，此部分人群的公共活动聚集地从小范围的流动人口集聚公共活动中心进入更大范围的移入地城镇公共活动中心。

7.2.1.2 建筑实体拆除

1. 会馆建筑消亡的历史原因

（1）战祸。由于会馆建筑大都位于码头、商业中心街区等重要地区，建筑样式在街区中突出，为街区的标志性建筑，极易成为战争打击烧毁的重要目标。

（2）使用过程中的人为侵占。会馆建筑疏于管理之后，其房产往往会被私人侵占，或者被蚕食，随后对其进行拆除，新建其他建筑类型。

（3）城市更新过程中被拆除。

2. 会馆建筑拆除后的遗痕

1）留下隐形场地边界和建筑局部构件

会馆建筑实体拆除后，会有一些遗留构件，或者遗痕。而最大的遗痕是会馆建筑的原始基址的场地轮廓。建筑实体容易消亡，但在形成过程中选址地位、场地轮廓、周边街巷，却在城市更新的过程之中相对保留较久，此种手段也是研究会馆建筑类型的重要切入点。如汉口江西会馆，其实体建筑已经完全拆除，但是在墙壁上留有万寿宫的石匾和一些树木，建筑的场址界限仍在。

同时，如果借助考古手段，可以在场地里发掘建筑基础等残留，但代价较大。

2）彻底消亡

会馆建筑或者多次被转用为其他类型建筑，在历史的演进中，痕迹重复覆盖，到最后一次拆除，实体建筑踪迹全无，对其研究，只能翻阅文献材料。

7.2.2 江西会馆建筑类型的消亡

江西会馆建筑作为明清全国会馆建筑的典型样本，在历史的大潮流中，经历了形成、繁荣、衰弱、走向最后消亡的全过程。其建筑实体在全国各地区仍有大量遗存，大都以文物建筑的宫庙形式保存。作为重要公共建筑，因选址区位突出，不能避免在城市更新扩张过程之中，让位于符合时代要求的公共建筑，往往被彻底拆除。故在当下，有必要深度挖掘其对于会馆建筑本身、江西地域人群和地域文化本身之价值。

7.3 明清江西会馆建筑对现当代建筑设计的启示

7.3.1 明清会馆建筑类型的现当代相关建筑类型设计启示

会馆建筑类型是明清时期出现的一种新的公共建筑类型，具备自身的特点和内在建筑功能以及场所特征。其本身建筑特征，对于现当代类似的建筑类型有以下启示。

7.3.1.1 对会馆建筑本身遗产保护的启示

全方面、系统性研究会馆建筑的历史理论、建筑艺术和技术，对于会馆建筑的现有遗存的保护修复和再利用，具有重要的指导性作用。会馆建筑本身作为建筑历史遗产，最常规的保护方法是作为会馆建筑的博物馆，也可以发挥其他建筑功能进行再利用，如前文所述历史上已有的再利用方式，或者通过部分借鉴运用到下述现代建筑类型设计中。

7.3.1.2 对城镇化下外来人口集聚区的公共活动中心 / 社区中心 / 文化站 / 旅游中心的启示

中国传统人群聚集区中，世俗性和神圣性双重特性结合的公共建筑场所和活动中心，在村落为祠堂，在城市为宫庙，而明清流动人口聚集处为会馆。

明清会馆建筑是人口流动下，适应人群和社会政治经济发展，而出现的新的建筑类型。其主要的建筑服务对象为流动人群，为此部分人群提供住宿、祭祀、娱乐、相关生死服务办公的综合性场所，为此部分人群的公共活动中心。

我国当代社会，同样面临着大规模人口流动，农村人口城镇化的问题。大量流动性人口在各个城市中长时间停驻生活、学习、工作，和明清时代的流动人口相比，同样面临着原乡他乡、土客人群冲突融合等深层文化和价值问题。这些流动人群同样因乡缘、业缘、乡业综合缘聚集而居，形成工作、生活聚集区。在此种类型的聚集区（社区）中心设计之中，可以借鉴明清会馆建筑的成功设计手法。如在娱乐功能设计上结合时代特征，增加同时代娱乐大众的集体娱乐场所，如设置影院剧院、模拟仿真游戏空间、家乡风味的餐厅。在文化纪念性上，可以运用物质或非物质表现方式，设置原乡文化展示博览、教学教育场地。在具体生活事务、办公场所设计，整体建筑设计上，同样可以运用家乡元素。如此即可增加邻里之间的社会交往，形成共同的社区文化价值，有利于流动人群在不割断与原乡文化传统文脉的基础上，更好地融入当地社会。而对于原乡文化，也即地域文化的展现，是解决现当代城镇建筑面貌单调乏味问题的有效方法和手段。

一方面，在目前城镇化进程之中，移入地的外来中低端劳动者，大多生活集聚在城市的中外环地区、大型公共交通枢纽（对应于明清会馆的沿江河干道）周边，此部分外来人员聚集区的公共活动中心设计，注重建筑功能设计中的办公事务性部分，以及娱乐部分，彰显建筑文化特点。

另一方面，在全面进入现代化生活的时代，全社会人群都在使用发达的现代交通、便捷的生活设施、完善的社会服务，人群具有更多的文化一致性，流动族群的划分已经从省域级别上升到区域级别的联合。同时，一致性下对于地域的特色强调又更为突出。故此，在外来人口流动聚集区，外来性较强（工作人口、旅游人口）的公共活动中心、博物馆或者旅游服务中心，借鉴明清会馆建筑设计手法，注重其地域文化的提纯和浓缩，能够激发活力，带动整个社区和周边区块的发展。

7.3.1.3　对公益慈善类型建筑以及公益建筑场所的启示

明清会馆建筑提供的公益慈善（义举）活动包括提供住宿、提供义园、讲学教育、管理周边环境，参与修建周边重大建筑工程。会馆本身所体现的义举，既是民间自发慈善行为的体现，也是中华传统儒家文化的体现。那么，义举之行如何在当代的公益性慈善类建筑场所中予以体现呢？

目前城市之中，公共服务性的建筑类型有提供文教服务的图书馆和博物馆，提供最低限社会福利性服务的建筑类型有社会救助站和各类慈善办公机构，但提供住宿、基本生活的服务设施，在目前的公共性建筑中较少。社会救助站一般位于偏远地区，远离社会大众的视野，而各类慈善公共性建筑主要在重大灾害事件发生时使用。明清时代的会馆建筑场馆作为一个日常的慈善性场所，具有日常亲民的特点，此特征可以参考借鉴。

从会馆的选址产生可以推想，在以后流动人口较多的城市规划之中，可以在交通枢纽周边（而非城市的遥远郊区）设置能提供短暂住宿的公益馆所，在一些因备考或者等待工作而形成的聚集区,提供一些公益性的服务,如能在特定时间段福利性的居住、相关事务的指导，以及让愿意提供福利和慈善行为的人士有合适捐赠场所，让政府和民间的点滴善行能够有物质的馆所予以聚集，同时能够向全社会透明展现。

7.3.1.4 对于商业性建筑类型的启示

当代社会，商业繁荣，城市地区的标志性商业建筑物为综合性商场、办公写字楼。但从某种意义上来说，工商会馆建筑是明清时期出现的新型标志性商业类型建筑。这种商业会馆建筑发展有时代的局限性，亦有其行业发展的必然性。

局限性体现在，为了接待、拉拢官方人员，工商会馆往往在会馆内部设立较为奢华的消费性的楼堂馆所，此部分建筑场所弊病过多，但由于其商业行为的内核特征，不可能完全消失，而是应考虑如何转化为更为透明、现代的商务型接待办公场所。

发展的需求体现在，明清工商会馆建筑是商业发展到一定阶段的产物，商人自重纪念内在需要的外显，成为明清时代商帮建筑的标志性建筑物，亦是当代商人标榜行业具有历史文化底蕴的重要建筑。但建筑物本身的纪念性,受时代的制约,或附庙而立,或以祭祀之名而显。当代商业发展，假鬼神所确立的规则权威敬畏已经让位于现代的商业规则体系，但其"信"字的商业本质核心未变，人类社会依据工商业进步对于生活的改进提高的向往未变，此方为设计商业建筑类型纪念性的本源。

7.3.2 明清江西会馆建筑对江西地域建筑设计的启示

7.3.2.1 反推借鉴研究明清江西本土地域各类型建筑

江西会馆建筑是明清时期集结了江西原乡公共建筑祠堂、万寿宫、地方民居建筑装饰等地域建筑文化向外传播的建筑综合体，可以通过"原型"和"类型"，"原乡"和"他乡"的概念予以联结。

清后期，江西本土频繁成为军事战场，本土的建筑开始消亡。现当代大规模城镇化更新，乡村拆建更替过程中，明清时期遗留下来的大量江西本土的建筑损毁较多，再加上建筑本身的自然演变，周边省市建筑的强大影响，江西地域建筑特征面貌模糊。礼失之于朝，求之于野，对于江西地域建筑设计方法、建筑元素的重新提取，可以反向借鉴尚存于全国其他地区包含了江西地域建筑元素的建筑类型，其代表性建筑即为他乡江西会馆。同时，他乡现存江西会馆和江西本土地域建筑对比之中，亦可探究江西地域建筑在时间上的流变，以及在他乡各地，江西地域建筑的适应性发展和地域文化保留不变的核心部分。

江西会馆建筑研究的重要部分为原乡建筑类型研究。由于江西会馆建筑具有地域建筑符号的高度抽象性、拼贴性、特色性强等特点,从其具有标志性的江西地域建筑特征符号中,可以快速、有效地反向切入到明清江西原乡地域建筑类型的研究中。

7.3.2.2　深入江西地域建筑文化多层级研究

江西会馆建筑对外传播虽然是以省级建筑为文化符号,但若细化至府、县层级的研究,则是明清各府、县地域建筑文化的集合。从建筑局部、建筑片段、建筑样式、建筑装饰等层面细化切入,进行江西地域建筑文化的多层级研究,进一步深入,系统地构建江西地域建筑文化体系。

7.3.2.3　和其他地域建筑比较,扩大地域建筑文化研究领域

会馆建筑往往建设于多方流动人口汇聚区。在同一个聚集节点,往往是五方杂处,多省会馆并存。各地地域建筑文化在同一个空间下呈共时性、博览会式展现。在中后期竞争炫耀性的场馆建设中,各地会馆竭尽所能展现各自的原乡地域建筑文化。对不同会馆建筑样式的比较研究,即为对不同地域建筑文化的比较研究。在比较研究过程之中,既可得出会馆建筑类型的共性特征,又可进一步明确江西地域建筑文化的独特性特点。

故此,以江西会馆建筑为载体,将江西地域建筑文化和全国建筑文化贯通组网,江西成为明清全国建筑文化网图上的重要组成节点。在全国地域建筑文化网图上,江西地域建筑文化也能明确自身的位置、作用和贡献。

7.4　本章小结

会馆建筑形成于明代中期,完善于清中期,兴盛于清中晚期,衰亡于民国,基本消失于中华人民共和国成立之后。其衰亡是整个社会大历史背景之下产生的结果,其逐渐衰亡的直接历史事件为现代交通方式的改变、清末科举废除、通商口岸开放、民国新文化运动和大规模移民活动的停止。会馆建筑在新建、扩建活动停止后,转为其他建筑类型空间使用。其转用方式为公共空间转用和居住空间转用。会馆建筑作为公共建筑,区位性好,场馆阔大,能够较为便利地转用为其他通用性的公共文教类、办公类、轻工业生产类的场馆。会馆建筑中的居住性质,也使得会馆能够重新恢复为民居进行使用。江西会馆建筑类型各种转用方式皆有,但总体上偏重为文教类公共办公空间的再利用;重新成为祠庙建筑的现存较多;江西会馆建筑转用为戏台建筑的较少,和其内部会馆戏台在明清时期的影响力相比,并不一致。

会馆建筑在中华人民共和国成立之后,基本消亡。会馆建筑的消亡包括从内涵的

解体到实体的消亡两个阶段。会馆建筑内涵解体主要在于流动人群流动活动减缓衰弱，或者流动人群融入当地社会，活动从移民圈的公共活动中心进入城市市民圈的公共活动中心。建筑实体消亡的原因为战祸、人为侵占和城市更新等历史原因，有的整体被拆除后，会留下一些隐性边界，有的踪迹全无。江西会馆建筑类型目前在西部地区遗存较多，在其他地区则较少，对于现有遗存的江西会馆建筑的调研和测绘收集，对于会馆建筑遗产保护本身有重要意义。

会馆建筑类型是明清时期出现的一种新的公共建筑类型，具备自身的特点和内在建筑功能以及场所特征。其本身建筑特征，对于现当代类似的建筑类型有一定的启示。厘清会馆建筑的内涵，对于会馆建筑现有遗存的保护和修复，具有重要的指导性作用；对于城镇化下外来人口集聚区的公共活动中心、社区中心、文化站、旅游中心的设计具有启示作用；对于公益慈善类型建筑以及公益建筑场所设计具有启示作用；对于商业性建筑类型标志物设计具有启示作用。明清江西会馆建筑对于江西地域建筑设计具有多方面启示作用，可以反向借鉴研究江西本土各地域类型建筑，并且深入细化省、府、县级别的层级研究，也可在此基础上，在同一地区对不同会馆建筑的地域文化予以比较研究，最后明确江西地域建筑文化在全国建筑文化网图上的位置、作用和贡献。

第8章

结论与展望

8.1　主要研究结论

本书将明清江西会馆建筑作为研究主题，通过研究最终得出以下几点结论。

1.确定明清江西会馆历史演变发展完整，覆盖全时段。在全国的空间分布为"蝶形分布"

本书通过收集、梳理、调研有关文献和实地资料，分析确定了会馆建筑的历史演变分期以及在全国背景之下江西会馆的建筑历史演变特点。确定全国会馆空间分布的规律，在此基础上明确了江西会馆在全国的空间分布情况和分布规律。

2.确定明清江西会馆的原乡原型有 AB 两种原型，B 型祠庙原型为他乡建造的主要原型

本书确定了会馆建筑类型的原型体系，为 AB 原型，即 A 型普遍结构原型和 B 型祠庙原型。会馆的起源原型和普遍结构原型确定了会馆建筑类型的基本建筑形制，而 B 型祠庙原型则为江西会馆各类建筑类型在他乡建设最重要的原型参照。

3.确定明清江西会馆他乡类型有Ⅰ、Ⅱ、Ⅲ三种类型

本书确定了明清会馆的三种建筑类型，即Ⅰ士绅型会馆、Ⅱ工商型会馆、Ⅲ移民型会馆，并分析了三种类型会馆的基本建筑功能和特征，以及不同类型之间的关联和区别。在此基础上，结合实例具体分析他乡江西三种类型会馆的建筑形制布局和建筑特征，以及与江西地域建筑文化的关联，并将原乡原型和他乡类型的转换关系予以了阐述。

4.分析明清江西会馆对地域建筑文化设计有深刻启示，能给予现当代相关建筑类型设计借鉴

本书明确了会馆建筑对于现当代相关建筑类型的建筑设计启示，以及江西会馆建筑对于地域建筑文化设计的启示作用。

8.2　创新点

1.会馆建筑研究的体系创新：构建了以原乡建筑为中心的江西会馆的"原型"体系，对应于他乡江西会馆的"类型"体系

本书针对江西会馆建筑类型研究主题，采取以原乡为中心向全国动态散播的全局视野进行研究。通过江西会馆"原型"和"类型"两大体系的构建，以及两大体系的

相互关联和作用，能全面、系统、深入地研究江西会馆输出的原乡地域文化和在输入地对于他乡文化的适应建造等各个方面。

2. 会馆建筑研究的概念创新：引入了"原乡他乡""士农工商"的社会学和文化人类学概念

本书借鉴社会学和文化人类学的"原乡他乡""士农工商"的文化人类学的空间文化概念和社会学的人群特征概念，对会馆建筑的流变进行研究，获得了更为新颖的研究视角，以及更为深入的研究方法。如根据"士农工商"人群的划分就可以在传统会馆类型的基础上，进行进一步的类型研究，推进会馆研究的进一步深入。

3. 会馆建筑研究的观点创新：士绅类型会馆和工商类型会馆对应于中国上层精英文化和下层民间文化，为会馆的两大基本类型，相互影响

本书在研究江西会馆建筑类型体系的过程中，比较了三种会馆类型建筑之间的关联，得出观点，即士绅类型会馆为工商类型会馆建筑的参照范本，工商会馆类型建筑在其基础上发展壮大，形成自身的建筑类型特点，反过来影响了士绅类型会馆的建设。移民类型会馆为民间文化模式，但不等同于工商类型会馆。

8.3 不足和展望

本书的研究存在着以下局限和未完成的问题。

1. 江西会馆建筑研究的案例数量偏少

本书研究以梳理文献资料为主，部分结合实地调研，从理论原理的角度系统地分析了江西会馆建筑的原型、类型和建筑形制等相关内容。在建筑实例的分析中，主要以代表性的案例予以解析，基于城市更新会馆损坏较为严重的现状，案例分析没有达到一定的数量级。

在今后的研究之中，可以扩大案例的数量和搜集实际的江西会馆的相关数据资料，对本书所提出的一些观点予以修正或者推翻重立。

2. 原乡地域"原型"的进一步完善

对于江西会馆建筑的"原型"部分，本文主要集中在祭祀功能的祠堂和庙宇部分，对于会馆建筑的世俗功能原型未有论述。在今后的研究中，可以补充原乡原型部分的江西地域建筑构造做法、建筑装饰等相关内容，从对于形制平面性的研究，转向对于整体空间和具体建筑形式的研究，完成从类型到样式，样式到做法，总括到具体的深入研究。

通过对会馆原乡地域原型的研究，可以进一步扩大深入地域建筑文化的研究内容。

3. 同一地区不同省会馆建筑的比较研究

本书是以全国会馆建筑类型演变的普遍性原理为参照体系展开研究，但是由于学

识有限，在文章中缺少对于同一地区，不同会馆建筑的横向比较研究。通过横向比较研究，可以进一步明晰江西会馆本身的建筑类型特征。

4. 从本土区域研究角度，研究江西本土外省会馆建筑

由于会馆的他乡性质，本书的研究视野为江西会馆在全国性的流布，注重江西地域文化的"输出"性特征，对于江西本土地域的外省会馆建筑，即会馆建筑的地域性"输入"方面对于江西地域文化的影响，未曾涉足。在后续的研究中，可以从本土区域性研究角度切入，研究江西本土的外省会馆建筑，而后从"输入"和"输出"两个方面进行对比性研究。

在以上研究局限上，未来可以进一步进行相关主题的扩展性和深入性研究。

参考文献

全国基础性理论

[1] 何炳棣. 中国会馆史论 [M]. 北京: 中华书局, 2017.

[2] 何炳棣, 著. 明初以降人口及其相关问题 1368—1958[M]. 葛剑雄, 译. 北京: 生活·读书·新知三联书店, 2000.

[3] 王日根. 中国会馆史 [M]. 上海: 东方出版中心, 2007.

[4] 王光英. 中国会馆志 [M]. 北京: 方志出版社, 2002.

[5] (清) 昆冈. 钦定大清会典图卷 [M].

[6] 昆冈, 刘启端. 续修四库全书·钦定大清会典事例 [M]. 上海: 上海古籍出版社, 2002.

[7] (明) 大明集礼 [M]. 北京: 国家图书馆出版社, 2009.

[8] (明) 大明会典 [EB/M].

[9] (清) 大清会典 [EB/M].

[10] (清) 张廷玉. 明史 [EB/M].

[11] 清史稿 [EB/M].

[12] 谭其骧, 编. 中国历史地图集 [M]. 北京: 中国地图出版社, 1982.

[13] 郭沫若, 编. 中国史稿地图集 [M]. 第 2 版. 北京: 中国地图出版社, 1996.

[14] 柏桦. 中国政治制度史 [M]. 北京: 中国人民大学出版社, 1989.

[15] 李孝聪. 中国区域历史地理 [M]. 北京: 北京大学出版社, 2004.

[16] 朱道清, 编纂. 中国水系图典 [M]. 青岛: 青岛出版社, 2010.

[17] 白寿彝. 中国交通史 [M]. 北京: 团结出版社, 2011.

[18] 杨正泰. 明代驿站考 [M]. 上海: 上海古籍出版社, 2006.

[19] (日) 松浦章, 著. 清代内河水运史研究 [M]. 董科, 译. 南京: 江苏人民出版社, 2010.

[20] 李晓峰. 乡土建筑——跨学科研究理论与方法 [M]. 北京: 中国建筑工业出版社, 2005.

[21] 全汉昇. 中国行会制度史 [M]. 郑州: 河南人民出版社, 2016.

[22] 李乔. 行业神崇拜——中国民众造神史研究 [M]. 北京: 北京出版社, 2013.

[23] 高梧. 文昌信仰习俗研究 [M]. 成都: 巴蜀书社, 2008.

[24] 赵琛．文昌祖庭 [M].成都：四川文艺出版社，2010.

[25] 金开诚，主编．关帝庙 [M].长春：吉林出版集团股份有限公司，2010.

[26] 王日根．明清民间社会的秩序 [M].长沙：岳麓书社，2003.

[27] 葛剑雄，主编．中国移民史·第1卷 [M].福州：福建人民出版社，1997.

[28] 曹树基，吴松弟．中国移民史·第5卷 [M].福州：福建人民出版社，1997.

[29] 曹树基，等．中国移民史·第6卷 [M].福州：福建人民出版社，1997.

[30] 中国商业通史·第四卷 [M].北京：中国财政经济出版社，2008.

[31] 中国商业通史·第五卷 [M].北京：中国财政经济出版社，2008.

[32] 李绍强，徐建青．中国手工业经济通史·明清卷 [M].福州：福建人民出版社，2004.

[33] 郭正忠，编．中国盐业史 [M].北京：人民文学出版社，1997.

[34] 冯尔康，等．中国宗族史 [M].上海：上海人民出版社，2009.

[35] 李媛．明代国家祭祀制度研究 [M].北京：中国社会科学出版社，2011.

[36] 李秋香，陈志华．宗祠 [M].北京：生活·读书·新知三联书店，2006.

[37] 王鹤鸣，王澄．中国祠堂通论 [M].上海：上海古籍出版社，2013.

[38] 王静．祠堂中的宗亲神主 [M].重庆：重庆出版社，2008.

[39] 李丰春．中国古代旌表研究 [M].昆明：云南大学出版社，2011.

[40] 林元亨．中国古代牌坊小史 [M] 北京：中国长安出版社，2015.

[41] 韩昌凯．中华牌楼 [M].北京：中国建筑工业出版社，2009.

[42] 韩昌凯．华表·牌楼 [M].北京：中国建筑工业出版社，2010.

[43] 李芝岗．中国石牌楼艺术 [M].西安：陕西师范大学出版社，2014.

[44] 楼庆西．牌楼 [M].北京：清华大学出版社，2016.

[45] 潘德华．斗栱 [M].南京：东南大学出版社，2013.

[46] 吴山，编．中国纹样全集 [M].济南：山东美术出版社，2009.

[47] 韩大成．明代城市研究 [M].北京：中华书局，2009.

[48] 龚笃清．明代科举图鉴 [M].长沙：岳麓书社，2007.

[49] 邓洪波．中国书院史 [M].上海：东方出版中心，2004.

[50] 王仁兴．中国旅馆史话 [M].北京：中国旅游出版社，1984.

[51] 钱茂伟．国家、科举与社会——以明代为中心的考查 [M].北京：北京图书出版社，2004.

[52] 马丽萍．明清贡院建筑 [M].南京：东南大学出版社，2013.

[53] 江太新，苏金玉．漕运史话 [M].北京：社会科学出版社，2011.

[54] 车文明．中国古戏台调查研究 [M].北京：中华书局，2011.

[55] 廖奔，刘彦君．中国戏曲发展史 [M].北京：中国戏曲出版社，2013.

[56] 廖奔．中国戏曲史 [M].上海：上海人民出版社，2014.

[57] 李静.明清堂会演剧史 [M].上海:上海古籍出版社,2011.

[58] 王晓尧.清代戏剧文化史论 [M].北京:北京大学出版社,2005.

[59] 王晓尧.清代戏剧文化考辨 [M].北京:北京燕山出版社,2014.

[60] 刘庆.管理与禁令——明清戏剧演出生态论 [M].上海:上海古籍出版社,2014.

[61] 廖奔.中国古代剧场史 [M].北京:人民文学出版社,2012.

[62] 薛林平.中国传统剧场建筑 [M].北京:中国建筑工业出版社,2009.

[63] 陶有松,主编.老祠堂 [M].北京:人民美术出版社,2003.

[64] 冯骥才,主编.老会馆 [M].北京:人民美术出版社,2003.

[65] 罗德胤.中国古戏台建筑 [M].南京:东南大学出版社,2009.

[66] 柳肃.会馆建筑 [M].北京:中国建筑工业出版社,2015.

[67] 孙英春.跨文化传播学导论 [M].北京:北京大学出版社,2008.

[68] 刘京林.大众传播心理学 [M].北京:中国传媒大学出版社,2005.

[69] 黄浙苏,主编.会馆与地域文化 [M].北京:文物出版社,2014.

[70] 丁贤勇.祠堂·学堂·礼堂——20 世纪中国乡土社会观公共空间变迁 [M].北京:中国社会科学出版社,2016.

[71] 齐静.会馆演剧研究 [D].南京:南京大学,2011.

[72] 陈芳.中国财神传说 [D].武汉:华中师范大学,2012.

[73] 吕作燮.试论明清时期会馆的性质和作用 [M]// 南京大学历史系明清史研究室,编.中国资本主义萌芽问题论文集.南京:江苏人民出版社,1983.

[74] 余清良.明代钞关建置制度研究(1429—1644) [D].厦门:厦门大学,2008.

[75] 李龙潜.明代钞关制度评述——明代商税研究之一 [C]// 明史研究——庆贺王毓铨先生 85 华诞暨从事学术研究 60 周年.黄山:黄山书社,1994.

[76] 张照东.清代漕运与南北物资交流 [J].清史研究,1992(3):67-73.

[77] 袁飞,任博.清代漕运河道考述 [J].中国农史,2014(2):65-77.

[78] 刘捷.明代钞关建筑初探 [J].华中建筑,2006,24(11):74-77.

[79] 陈蔚,张兴国."联谊与均益,祀神与合乐"——明清会馆建筑文化内涵与形态嬗变研究 [J].新建筑,2011(3):126-129.

[80] 车文明.中国现存会馆剧场调查 [J].中华戏曲,2008(1):27-51.

[81] 车文明.中国古代剧场类型考论 [J].戏曲艺术,2013(2):30-37.

[82] 冯俊杰.略论明清时期的神庙山门舞楼 [J].文艺研究,2001(4):85-94.

[83] 周华斌.中国戏剧史新论 [M].北京:北京广播学院出版社,2003.

[84] 周华斌.中国戏剧史论考 [M].北京:北京广播学院出版社,2003.

[85] 周华斌.京都古戏楼 [M].北京:海洋出版社,1993.

[86] (汉)刘勰.文献雕龙 [EB/M].

[87] (明)方大镇.宁澹居文集 [EB/M].

[88] （明）史玄.旧京遗事 [EB/M].

[89] （明）刘侗，于正.帝京景物略 [M].

[90] （清）徐珂.清稗类钞 [EB/M].

[91] （清）杨掌生.京尘杂录 [EB/M].

[92] （清）蕊珠旧史.梦华琐簿 [EB/M].

[93] （清）吴恭亨.对联话 [EB/M].

[94] （清）梁钜章.楹联丛话全编 [EB/M].

[95] （清）况周颐.续眉庐丛话 [EB/M].

[96] （清）陈其元.庸闲斋笔记 [EB/M].

[97] （清）张集馨.道咸宦海见闻录 [EB/M].

[98] （清）包安吴.都剧赋 [EB/M].

[99] （清）张次溪.梨园旧话 [EB/M].

[100] （民）铢庵.北梦录 [EB/M].

[101] （民）夏仁虎.旧京琐记 [EB/M].

[102] （民）徐一士.过眼录 [EB/M].

[103] （日）田仲一成.清代会馆戏剧考——其组织·功能·变迁 [J]. 文化艺术研究，2012(3)：80-101.

[104] （日）东亚同文会.支那省别全志 [M].台北：南天书局，1988.

江西

[1] （清）江西地方府县志 [EB/M].

[2] 陈文华，陈荣华，主编.江西通史 [M].南昌：江西人民出版社，1999.

[3] 方志远，谢宏维.江西通史·明代卷 [M].南昌：江西人民出版社，2008.

[4] 梁宏生，李平亮.江西通史·清前期卷 [M].南昌：江西人民出版社，2008.

[5] 赵树贵，陈晓鸣.江西通史·晚清卷 [M].南昌：江西人民出版社，2008.

[6] （民）吴宗慈，编.江西省古今政治地理沿革图 [M].

[7] 陈荣华，余伯流，等.江西经济史 [M].南昌：江西人民出版社，2004.

[8] 方志远.明清湘鄂赣地区的人口流动与城乡商品经济 [M].北京：人民出版社，2001.

[9] 江西省工商业联合会，等.江西商会（会馆志）[M].南昌：江西人民出版社，2017.

[10] 贺三宝.江西商帮兴衰对区域经济社会影响 [M].广州：世界图书出版广东有限公司，2017.

[11] 钱贵成，编.江西艺术史 [M].北京：文化艺术音像出版社，2008.

[12] 龚国光.赣地艺术民俗建筑 [M].南昌:江西人民出版社,2008.

[13] 章文焕.万寿宫 [M].北京:华夏出版社,2004.

[14] (清)金桂馨,漆逢源,编纂.万寿宫通志 [M].南昌:江西人民出版社,2008.

[15] 熊伟编.万寿宫文化 [M].南昌:江西教育出版社,2011.

[16] 江西省文物考古研究所.南昌铁柱万寿宫遗址考古发掘工作报告 [R].2015.

[17] 姜传松.清代江西乡试研究 [M].武汉:华中师范大学出版社,2010.

[18] 衷海燕.儒学传承与社会实践——明清吉安府士绅研究 [M].广州:世界图书出版广东有限公司,2012.

[19] 雷子人.渼陂——一个画家的古村落图记 [M].济南:山东人民出版社,2007.

[20] 何重义.古村探源——中国聚落文化与环境艺术 [M].北京:中国建筑工业出版社,2011.

[21] 黄浩,编著.江西民居 [M].北京:中国建筑工业出版社,2008.

[22] 钟文典,编.江西客家 [M].桂林:广西师范大学出版社,2007.

[23] 胡龙生,编.庐陵古村 [M].北京:中华书局,2002.

[24] 李梦星.庐陵宗族与古村 [M].南昌:江西人民出版社,2012.

[25] 李秋香,楼庆西,叶人齐.赣粤民居 [M].北京:清华大学出版社,2010.

[26] 万幼楠.赣南传统建筑与文化 [M].南昌:江西人民出版社,2013.

[27] 政协乐平市委员会,编.乐平古戏台 [M].南昌:江西人民出版社,2008.

[28] 杜玉铃.明清北京新建会馆与地方管理权力转移 [D].南昌:江西师范大学,2004.

[29] 张璇.明清时期江西会馆神灵文化研究 [D].南昌:江西师范大学,2008.

[30] 李平亮.明清南昌西山万寿宫与地方权力体系的演变(1550—1910)[D].厦门:厦门大学,2001.

[31] 朱芳.祀殿·会所·纪念地:清代以来江西宁州万寿宫职能研究 [D].济南:山东大学,2011.

[32] 邓钰.从《支那省别全志》中江西会馆分布看江右商的活动 [D].南昌:江西师范大学,2013.

[33] 黄建胜.湘西地区江西会馆功能研究——以浦市、凤凰万寿宫为例 [D].湘西土家族苗族自治州:吉首大学,2012.

[34] 车文明,郭文顺.江西东部宗祠剧场举隅 [J].中华戏曲,2003(2):22-34.

[35] 吴炳黄.乐平古戏台研究 [D].南昌:江西师范大学,2009.

[36] 郭学飞.明清时期水神萧公信仰地域研究 [D].广州:暨南大学,2013.

[37] 丘斌,张苇.论乐平古戏台的艺术特征 [J].东南文化,2003(12):74-77.

[38] 余庆民.江西乐平乡土戏台普查纪要——兼论乐平乡土戏台建筑艺术与历史传承及文化成因 [J].南方文物,2009(4):177-186.

[39] 许飞进，艾弘任. 江西乐平传统戏台建筑营造技艺初探 [J]. 南昌工程学院学报，2013，32(6)：54-59.

[40] 杨玲. 论明清江西戏曲文化交流与乐平戏台建筑艺术 [J]. 戏剧文学，2013 (11)：66-70.

[41] 蔡定益. 论景德镇瓷业与关帝信仰 [J]. 史志学刊，2012(2)：106-108.

[42] 马丽娜. 明清时期"江西——湖北"移民通道上戏场建筑形制的承传与衍化 [D]. 武汉：华中科技大学，2007.

[43] 任丹妮. 赣西北、鄂东南地区传统民居空间形制与木作技艺的传承与演变 [D]. 武汉：华中科技大学，2010.

[44] 孙莉莉. 论明清以来北京江西会馆的发展与管理 [D]. 南昌：江西师范大学，2007.

[45] 邓爱红. 明清江西新建县在北京的会馆考述 [J]. 江西教育学院学报，2009，30（2）：83-87.

[46] 崔金泽. 悼念京城谢枋得祠 [J]. 瞭望，2008(9)：108.

[47] 张勃. 北京谢公祠现状调研及其保护问题之我见 [C]. 北京学研究文集，2006.

[48] 唐庆红，张云莲. 明清江西萧公、宴公信仰入黔考 [J]. 宗教学研究，2013(4)：253-259.

[49] 方志远，黄瑞卿. 江右商的社会构成及经营方式——明清江西商人研究之一 [J]. 中国经济史研究，1992(1)：91-103.

[50] 方志远，黄瑞卿. 明清时期西南地区的江右商——明清江西商人研究之三 [J]. 中国社会经济史研究，1993(4)：54-62.

[51] 方志远，孙莉莉. 地域文化与江西传统商业盛衰论 [J]. 江西师范大学学报（哲学社会科学版），2007，40(1)：52-61.

[52] 杨伟威. 明清江西会馆与贵州经济发展研究 [J]. 六盘水师范学院学报，2017，29(4)：16-18.

[53] 李储林. 明清贵州江西会馆地域分布及其形成机制探析 [J]. 晋中学院学报，2015(2)：80-83.

[54] 胡龙生. 庐陵古村 [M]. 北京：中华书局，2002.

北京

[1] （明）张爵. 京师五城坊巷胡同集 [EB/M].

[2] （清）朱一新. 京师坊巷志稿 [EB/M].

[3] 宗绪盛. 老北京地图的记忆 [M]. 北京：中国地图出版社，2014.

[4] 徐苹芳. 明清北京城图 [M]. 上海：上海古籍出版社，2012.

[5]　胡春焕，白鹤群.北京的会馆 [M].北京：中国经济出版社，1994.

[6]　孙兴亚，李金龙.北京会馆资料集 [M].北京：北京学苑出版社，2007.

[7]　北京市档案馆.北京会馆档案史料 [M].北京：北京出版社，1997.

[8]　白继增.北京宣南会馆拾遗 [M].北京：中国档案出版社，2001.

[9]　白继增，白杰.北京会馆基础信息研究 [M].北京：中国商业出版社，2014.

[10]　王熹，杨帆.会馆 [M].北京：北京出版社，2006.

[11]　李华，编.明清以来北京工商会馆碑刻选编 [M].北京：文物出版社，1980.

[12]　王同祯.寺庙北京 [M].北京：文物出版社，2009.

[13]　马炳坚.北京四合院建筑 [M].天津：天津大学出版社，1999.

[14]　贾珺.北京四合院 [M].北京：清华大学出版社，2009.

[15]　邓云乡.北京四合院 [M].北京：中华书局，2015.

[16]　高巍，等.四合院 [M].北京：学苑出版社，2003.

[17]　尼跃红，编.北京胡同类型学研究 [M].北京：中国建筑工业出版社，2009.

[18]　（瑞典）喜仁龙，著.北京的城墙与城门 [M].邓可，译.北京：北京联合出版社，2017.

[19]　孔庆普.北京的城楼与牌楼结构考查 [M].北京：东方出版社，2014.

[20]　张江裁.北京梨园掌故 [EB/M].

[21]　周华斌.京都古戏楼 [M].北京：海洋出版社，1993.

[22]　侯希三.戏楼戏馆 [M].北京：文物出版社，2003.

[23]　师毅，王文慧，包纪波，编.北京科举地理 [M].北京：世界出版社，2015.

[24]　马慧娟.北京会馆的文化空间重构 [D].北京：北京师范大学，2014.

[25]　赵娜.晚清顺天府乡试研究 [D].厦门：厦门大学，2006.

[26]　林麓月.国子监生与明代两京乡试——"明代监生的上升社会流动"余论 [C].第六届明史国际学术讨论会论文集，1995.

[27]　王维海.北京宣南会馆建筑遗产保护与再利用 [D].北京：北京建筑大学，2013.

[28]　杜娟.北京宣南地区会馆建筑研究 [D].北京：北京建筑大学，2014.

[29]　刘凤云.清代北京会馆的政治属性与工商交融 [J].中国人民大学学报，2005(2)：122-128.

[30]　习五一.近代北京的行业神崇拜 [J].北京联合大学学报（人文社会科学版），2005，3(1)：74-80.

[31]　王世仁.雪泥鸿爪话宣南之会馆烟云 [J].北京规划建设，1999(2)：51-54.

[32]　王世仁.北京旧城中轴线述略 [J].北京规划建设，2007(5)：62-70.

[33]　老外.北京琉璃厂史话杂缀 [J].文物，1961(1)：26-33.

[34]　赵世瑜，周尚意.明清北京城市社会空间结构概说 [J].史学月刊，2001(2)：112-119.

[35] 中国人民政治协商会议天津市委员会，编.天津文史资料第五十六辑 [M].天津：天津人民出版社，1992.

[36] 沈旸.明清时期天津的会馆与天津城 [J].华中建筑，2006，24(11)：102-107.

[37] 刘捷.明清漕运与通州城市建设 [J].华中建筑，2008，26(7)：173-175.

[38] 王永斌.京东重镇——通州 [J].北京规划建设，1999(6)：49-51.

[39] 仲笡.北京"文丞相祠"小记 [J].文物，1959(9)：35-36.

[40] 李科友.北京文丞相祠瞻仰记 [J].南方文物，1984(1)：78-80.

[41] 解宏乾.琉璃厂老北京文化中心 [J].国家人文历史，2015（11）：113-117.

[42] 孙新元，郭亚.论明清扩大科举取士范围对商业阶层集体行动的消极影响 [J].无线互联科技，2012(8)：214-216.

[43] 韩权成，王胜怡.山西现存文昌魁星类建筑中的文化崇拜 [J].文物世界，2012（4）：41.

东南地区：京杭大运河、上海、扬州、苏州、南京、安庆、佛山

[1] 潘君祥，主编.上海会馆史研究论丛（第一辑）[M].上海：上海社会科学出版社，2011.

[2] 潘君祥，周丽中，主编.上海会馆史研究论丛（第二辑）[M].上海：上海社会科学出版社，2014.

[3] 潘君祥.上海沙船与商船会馆 [J].航海，2015(2)：28-31.

[4] 薛理勇.老上海会馆公所 [M].上海：上海书店出版社，2015.

[5] 郭绪印.城市转型中上海会馆（公所）的特点 [C].中国现代社会转型问题学术讨论会，2002：331-339.

[6] 潘君祥，陈汉鸿.上海会馆公所史话 [M].上海：上海人民出版社，2012.

[7] 俞孔坚.京杭大运河国家遗产与生态廊道 [M].北京：北京大学出版社，2012.

[8] 汪崇篔.明清徽商经营淮盐考略 [M].成都：巴蜀书社，2008.

[9] （清）李斗.扬州画舫录 [M].北京：中国画报出版社，2014.

[10] 都铭.扬州园林变迁研究——人群与风景 [M].上海：同济大学出版社，2014.

[11] 过伟敏，王筱倩.扬州老城区民居建筑 [M].南京：东南大学出版社，2015.

[12] 王振世/（清）李斗.扬州揽胜录/扬州名胜录 [M].南京：江苏古籍出版社，2002.

[13] 刘拖，马全宝，冯晓东.苏州香山帮建筑营造技艺 [M].合肥：安徽科学技术出版社，2013.

[14] 钱克金.明代京杭大运河研究 [D].长沙：湖南师范大学，2003.

[15] 郑民德.明清运河水次仓研究 [D].聊城：聊城大学，2010.

[16] 杨建华.明清扬州城市发展和空间形态研究[D].广州:华南理工大学,2015.

[17] 左巧媛.明清时期的苏州会馆[D].长春:东北师范大学,2011.

[18] 赵彬彬.明清佛山文化特征空间营造研究[D].西安:西安建筑科技大学,2017.

[19] 吕作燮.明清时期苏州的会馆和公所[J].中国社会经济史研究,1984(2):10-24.

[20] 沈旸.明清苏州的会馆与苏州城[J].建筑史,2005(10):288-303.

[21] 沈旸.明清聊城的会馆与聊城[J].华中建筑,2007,25(2):158-162.

[22] 沈旸.明清南京城的会馆与南京城[J].建筑师,2007(4):68-79.

[23] 沈旸.扬州会馆录[J].文物建筑,2008(2):27-42.

[24] 徐龙梅,徐延平.旧时的南京会馆[J].江苏地方志,2005(4):60-61.

[25] 沈旸,王卫清.大运河兴衰与清代淮安的会馆建设[J].南方建筑,2006(9):71-74.

[26] 杜春和.李鸿章与安徽会馆[J].安徽史学,1995(1):45-47.

[27] 左犀.安徽会馆今昔谈[J].北京规划建设,2001(6):60-61.

[28] 宋庆新.安庆江西会馆修复工程及其新发现[N].中国文物报,2015-05-12.

[29] 王雪萍.文化线路视域下江苏淮盐文化遗产的保护[J].南京农业大学学报(社会科学版),2012,12(1):134-139.

[30] 王雪萍.扬州盐商文化线路[J].扬州大学学报(人文社会科学版),2012,16(5):93-98.

[31] 朱宗宙.扬州盐商与十八世纪的中国社会[J].扬州文化研究论丛,2012(2):108-116.

[32] 吴敏.淮盐文化线路的判别与梳理[J].淮阴工学院学报,2014(4):6-10.

[33] 杨飞.两淮盐商的衰弱与扬州戏曲文化中心的嬗变[J].中华戏曲,2008(1):178-186.

[34] (韩)朴基水.清代佛山镇的城市发展和手工业、商业[J].艺术学研究,2011:126-151.

西南地区:湖南、湖北、四川、重庆、云南、贵州、广西

[1] 蓝勇,赵权生."湖广填四川"与清代四川社会[M].成都:西南师范大学出版社,2009.

[2] 凌礼潮.明清移民与社会变迁——"麻城孝感乡"学术研讨会文集[M].武汉:湖北人民出版社,2012.

[3] 阎志,主编.汉口商业简史[M].武汉:湖北人民出版社,2017.

[4] 沙月,编.清叶氏汉口竹枝词解读[M].武汉:崇文书局,2012.

[5]　丁援，李杰，吴莎兵，编著.武汉历史建筑图志 [M].武汉:武汉出版社,2017.

[6]　赵奎，邵岚.山陕会馆与关帝庙 [M].上海:东方出版中心,2015.

[7]　孙晓芬.明清的江西湖广人与四川 [M].成都:四川大学出版社,2005.

[8]　李禹街，主编.重庆移民史 [M].北京:中国社会科学出版社,2013.

[9]　季富政.三峡古典场镇 [M].成都:西南交通大学出版社,2007.

[10]　季富政.采风乡土——巴蜀城镇与民居 [M].成都:西南交通大学出版社,2015.

[11]　王雪梅，彭若木.四川会馆 [M].成都:巴蜀书社,2009.

[12]　赵逵.川盐古道文化线路视野中的聚落与建筑 [M].南京:东南大学出版社,
　　　2008.

[13]　张利频，曾列，编.洛带会馆 [M].成都:四川美术出版社,2013.

[14]　李先奎.四川民居 [M].北京:中国建筑工业出版社,2009.

[15]　自贡市文物局.牛佛万寿宫申报文本 [Z]. 2011.

[16]　杨德昌.铜商经济 [M].昆明:云南出版集团公司,2014.

[17]　卞伯泽.古城遗韵 [M].昆明:云南大学出版社,2014.

[18]　卞伯泽.会馆文化 [M].昆明:云南出版集团公司,2011.

[19]　张庆国.会泽金钟——乌蒙会馆的发现和重访 [M].昆明:云南出版集团公司,
　　　2006.

[20]　杨朝俊，龚金才，编.新编曲靖风物志 [M].昆明:云南出版集团公司,1999.

[21]　王胜华，编.云南古戏台 [M].昆明:云南大学出版社,2009.

[22]　赵逵."湖广填四川"移民通道上的会馆研究 [D].上海:同济大学,2011.

[23]　赵逵.川盐古道上的盐业会馆 [J].中国三峡,2014(10):80-90.

[24]　王一媚.清代成都府移民会馆建筑初探 [D].成都:西南交通大学,2013.

[25]　张斌.自贡地区会馆与祠堂建筑比较研究 [D].成都:西南交通大学,2017.

[26]　陈鹏.云南会馆建筑地域特征及其文化研究 [D].昆明:昆明理工大学,2013.

[27]　郭学仁.湖南传统会馆研究 [D].长沙:湖南大学,2006.

[28]　罗琳.长沙地区会馆文化探析 [D].长沙:湖南师范大学,2010.

[29]　吴凯.沅阳河流域江西会馆建筑研究 [D].长沙:湖南科技大学,2016.

[30]　邬胜兰.从酬神到娱人:明清湖广—四川祠庙戏场空间形态衍化研究 [D].武汉:
　　　华中科技大学,2016.

[31]　马晓粉.清代云南会馆研究 [D].昆明:云南大学,2014.

[32]　吴丹.清以来会泽会馆研究 [D].昆明:云南大学,2016.

[33]　陈冉冉.明清贵州移民会馆与地域认同初探 [D].贵阳:贵州师范大学,2017.

[34]　章文焕.云贵川三省万寿宫考察记 [J].江西社会科学,1997(5):38-40.

[35]　章文焕.云贵川三省境内江西万寿宫分布及其来由 [J].南昌职业技术师范学院
　　　学报,1997(2):47-50.

[36] 王佳翠，胥思省，梁萍萍．论川盐入黔历史变迁及其对黔北社会的影响 [J]．遵义师范学院学报，2015(2)：45-48．

[37] 邓军．文化线路视阈下川黔古盐道遗产体系与协同保护 [J]．长江师范学院学报，2016，32(6)：19-25．

[38] 蓝勇．清代西南移民会馆名实与职能研究 [J]．中国史研究，1996(4)：16-26．

[39] 刘凯，谭刚毅．晚清汉口寺观兴废变迁研究 [J]．新建筑，2011(1)：152-154．

[40] 陈蔚，胡斌．移民会馆与清代四川城镇发展与形态演变研究 [J]．华中建筑，2013(8)：144-149．

[41] 陈蔚，胡斌，张兴国．清代四川城镇聚落结构与"移民会馆"——人文地理学视野下的会馆建筑分布与选址研究 [J]．建筑学报，2011(s1)：44-49．

[42] 胡斌，陈蔚．四川洛带客家传统聚落与建筑研究 [J]．新建筑，2011(5)：105-108．

[43] 谢常勇，傅红．浅析洛带古镇的空间形态 [J]．四川建筑，2009，29(5)：56-57．

[44] 傅红，罗谦．剖析会馆文化透视移民社会——从成都洛带镇会馆建筑谈起 [J]．西南民族大学学报 (人文社科版)，2004，25(4)：382-385．

[45] 蔡燕歆．洛带古镇的客家会馆建筑 [J]．同济大学学报 (社会科学版)，2008，19(1)：49-53．

[46] 唐志伟．洛带客家会馆传统文化解析 [J]．成都纺织高等专科学校学报，2014，31(4)：73-75．

[47] 刘立云，宋显彪．古戏台在构建乡村和谐文化中的作用——以成都洛带江西会馆为例 [J]．四川戏剧，2011(6)：118-119．

[48] 谢璇．清代重庆的移民会馆与城市分析 [J]．广东技术师范学院学报，2007(3)：79-81．

[49] 崔陇鹏．四川会馆建筑与川剧 [J]．华中建筑，2008 (4)：53-56．

[50] 崔陇鹏．四川会馆建筑与川剧 (二)[J]．华中建筑，2008(12)：201-203．

[51] 王莹，李晓峰．行业信仰下西秦会馆戏场仪式空间研究 [J]．南方建筑，2017(1)：63-69．

[52] 何智亚．重庆清代移民会馆、移民宗族祠堂建筑历史与形态述论 [J]．中国名城，2010(3)：26-29．

[53] 郑首艳．试论清代贵州移民会馆及其地域分布特点 [J]．考试周刊，2014(83)：24-26．

[54] 彭银．贵州的会馆建筑 [J]．古建园林技术，2012(2)：66-69．

[55] 刘磊．贵州省万寿宫建筑群保护规划的地域性特征 [J]．城乡建设，2011(9)：29-31．

[56] 尹玉璐，谷伊曼．贵州省青岩古镇古戏台考察记 [J]．戏剧 (中央戏剧学院学报)，

2015(3): 68-76.

[57] 侯宣杰. 清代以来广西城镇会馆分布考析 [J]. 中国地方志, 2005(7): 43-53.

[58] 王瑞红. 清代会泽古城的商业经营活动 [J]. 曲靖师范学院学报, 2014, 33(1): 59-63.

[59] 王瑞红. 会泽古城的空间演化历程及文化因素 [J]. 曲靖师范学院学报, 2014, 33(2): 11-15.

[60] 宋伦. 明清时期山陕会馆研究 [D]. 西安: 西北大学, 2008.

建筑类型学

[1] 夏秀. 荣格原型理论初探 [D]. 济南: 山东师范大学, 2000.

[2] 崔诚亮. 荣格的原型思想研究 [D]. 湘潭: 湘潭大学, 2006.

[3] (意)阿尔多·罗西, 著. 城市建筑学 [M]. 黄士钧, 译. 北京: 中国建筑工业出版社 .2006.

[4] 沈克宁. 建筑类型学与形态学 [M]. 北京: 中国建筑工业出版社, 2010.

[5] 陈泳. 城市空间: 形态、类型与意义 [M]. 南京: 东南大学出版社, 2006.

国外文献

[1] China Maritime Customs, Decennial Reports, First Issue, 1882-1891; Second Issue, 1892-1901; Third Issue , 1902-1911[Z].

[2] Frank Karen A. Ordering Space: Types in Architecture and Design[M]. Portland: Annotation Copyright Book News, Inc., 1994.

[3] Pevsner Nikolaus. A History of Building Types[M]. Princeton: Princeton University Press, 1976.

[4] Petruccioli Attilio, ed. In Typological Process and Design Theory[M]. Cambridge: AKPIA, 1998.

[5] Wittkower Rudolf. Architectural Principles in the Age of Humanism[M]. New York: W. W. Norton company, 1971.

[6] Vidler Anthony. Three Types of Typology[M]// Kate Nesbitt, ed. Theorizing a New Agenda for Architecture an Anthology of Architectury Theory 1965-1995. New York: Princeton Architectural Press, 1976.

[7] Rossi Aldo. A Scientific Autobiography[M]. Cambridge : MIT Press, 1981.

[8] Colquhoun Alan. Form and Figure, Oppositions 12, Spring 1978[M]. Cambridge: The MIT Press.

[9]　Bandini Michael. Typology as a Form of Convention[J]. AA Files, 1984（6）.

[10]　Frampton Kenneth. Mordern Architecture – A Critical History[M]. London: Thames and Hudson, 1982.

地图

[1]　江西省地图册 [M]. 第 2 版 . 北京 : 星球地图出版社，2014.

[2]　湖南省地图册 [M]. 第 2 版 . 北京 : 星球地图出版社，2013.

[3]　湖北省地图册 [M]. 北京 : 星球地图出版社，2011.

[4]　汉口市街道详图（民国二十七年）[M]. 北京 : 中国地图出版社，2012.

后　记

本书是基于我的博士论文《明清江西会馆建筑类型和原型研究》修改整理而成，在原文的基础上进一步凝练了"原乡原型"和"他乡类型"的核心概念，并增加了对应编号体系。此书是他乡江西会馆建筑研究的初步研究成果，其中难免存在错漏之处，敬请各位读者批评指正。

感谢对本书的研究提供了指导和帮助的每一位专家学者。

感谢我的恩师华中科技大学李晓峰教授的悉心指导。

感谢华中科技大学谭刚毅教授、刘剀教授、赵逵教授提出的宝贵意见。

感谢陈刚师兄、陈茹师妹、方盈师妹及工作室的学弟学妹，对本书提供的事务性帮助。

感谢责任编辑陈海娇女士对本书的辛苦付出和大力支持。

感谢小侄胡妮娜的真诚鼓励和在数次校阅书稿中提出优化建议。

感谢我的父母对我的无限包容、理解、支持和陪伴。

谨以此书献给我的父亲！

2020 年 8 月于南昌青山湖